설탕부부의 세계여행

설탕부부의 세계여행

발행일 2017년 10월 11일

지은이 흑설탕, 백설탕
펴낸이 손 형 국
펴낸곳 (주)북랩
편집인 선일영 편집 이종무, 권혁신, 송재병, 최예은
디자인 이현수, 이정아, 김민하, 한수희 제작 박기성, 황동현, 구성우
마케팅 김회란, 박진관, 김한결
출판등록 2004. 12. 1(제2012-000051호)
주소 서울시 금천구 가산디지털 1로 168, 우림라이온스밸리 B동 B113, 114호
홈페이지 www.book.co.kr
전화번호 (02)2026-5777 팩스 (02)2026-5747

ISBN 979-11-5987-736-0 03980(종이책) 979-11-5987-737-7 05980(전자책)

이 도서의 국립중앙도서관 출판예정도서목록(CIP)은 서지정보유통지원시스템 홈페이지(http://seoji.nl.go.kr)와 국가자료공동목록시스템(http://www.nl.go.kr/kolisnet)에서 이용하실 수 있습니다.
(CIP제어번호 : CIP2017025401)

현실주의자 남편과 몽상가 아내의

330일 세계 일주

설탕부부의 세계여행

흑설탕·백설탕 지음

북랩 book Lab

프롤로그

밀린 일기를 쓰듯 기억을 되돌아 더듬는 일은 생각보다 쉬운 것은 아니다. 그런데 또 신기하다. 그 시간들을 추억해보면 마치 거기 있는 듯 모든 것이 생생하다. 많은 곳을 정신없이 돌아다닌 데다가 사전조사가 부족하여 내키는 대로 다닌 여행이었기에 때로는 지명도 생각나지 않는 곳도 있지만 희한하게 그때 느꼈던 감정들은 오롯이 되살아난다.

여행 전 12월. 매일 눈코 뜰 새 없이 바빴다. 야근은 야근대로 이어져 힘들었지만, 시간이 비는 날은 송년회로 정신이 없었다. 피곤해 죽겠다는 말을 달고 살면서도 연말은 으레 그렇게 보내야 하는 것인 양 야근이 없는 날도 약속을 만들어 불나방처럼 불살랐다. 하지만 이상했다. 사람들과 신나게 떠들고 놀았는데도 돌아오는 길은 쓸쓸하기만 했다. 차갑던 머리는 뜨거워졌고, 뜨겁던 가슴은 차가워졌다.

여느 때처럼 지친 몸을 이끌고 자정이 넘어 집에 돌아오니 역시 야근과 모임에 지친 흑설탕이 대자로 뻗어 자고 있었다. 불도 못 끄고 잠든 것이 취해 들어온 모양이었다. 그와 얼굴을 마주 본지 삼사일은 된 듯했다. 주말은 주말대로 피곤함에 절어서 둘 다 소파에 딱 붙어

TV 앞에서 보낸 지 오래였다. 처음부터 이랬던 건 결코 아니었다. 결혼하고 몇 년간은 시간을 맞춰 같이 퇴근하며 영화도 보고, 장을 봐서 저녁을 해먹기도 했었다. 주말이면 놀러 다니느라 집에 있을 새가 없었다. 여름이면 산과 바다로, 겨울이면 스키장에서 보내곤 했다. 여름 휴가 때 배낭을 메고 떠난 베트남 여행길에서 서로의 방랑벽을 확인하기도 했다. 그런 우리가 손잡고 산책을 나선 게 언제인가 싶고, 이야기를 나누어 본 게 언제인가 싶었다. 이미 잠들어 누웠거나 비어 있는 서로의 침대 자리를 보면서 출퇴근을 반복한 지 일 년이 넘은 것 같았다.

이상하게 잠든 그의 얼굴이 평온하지 않았다. 결혼할 때 학생이었다가 공부를 마치고 회사에 입사했을 때 월요병이 이해가 안 간다고 할 만큼 즐겁게 일했었는데 몇 년 사이 그도 달라졌다. 연애와 결혼까지 햇수로 10년을 보아온 사이인데 지금까지 이렇게 지친 얼굴을 본 적 없었던 것 같았다. 그를 보고 있자니 나도 그리 다르지 않을 거라는 생각이 들었다. 경력이 쌓이고, 경력만큼 통장 잔고도 쌓여갔지만, 시간을 누군가에게 도둑맞고 있는 것 같이 항상 불안하고 피곤했다. 모든 것이 별로 즐겁지가 않았다. 그날밤 결심했다.

'아, 이제 드디어 그동안 생각해왔던 세계여행을 떠날 때가 왔구나.'

그 해가 얼마 남지 않은 어느 날, 흑설탕과 퇴근길에 동네 곱창집에서 만났다. 너무 오랜만에 눈뜨고 있는 서로를 보는 거라 할 말이 많아 이야기가 길었다. 요즘 무슨 일이 있었고, 어제는 누구랑 만나서 무얼 했고, 회사에서 어떤 일이 있었고…. 시시콜콜 대화가 오갔다.

대화 끝에 내가 그에게 용기 내어 물었다.

“우리 세계 일주 갈래? 그동안 일도 많이 했고, 많이 바빴잖아. 일 년 정도는 우리끼리 놀아보자.”

그는 갑자기 얼음이 된 것 같았다. 구워지기 바쁘게 입속으로 들어가던 곱창이 말라 타들어가도 각자의 생각에 잠겨서 쉽게 말이 나오지 않았다. 생각에 잠겼던 그는 내 얼굴을 바라보면서 결심한 듯 “그러자.” 하고 대답했다.

그날 이후 7개월 만에 여행길에 올랐다. 나는 회사의 배려로 휴직을 했고, 흑설탕은 그동안 고민했던 바가 있어서 퇴직했다. 그렇게 1년간 오롯이 둘만을 위해서 놀았다. 24시간 둘이 붙어 있었다. 물론 많이 싸우기도 했다. 어떤 날은 싸움 끝에 한국에 돌아오고 싶을 때도 있었다. 하지만 싸움은 싸움일 뿐이었다. 다시 언제 그랬냐는 듯이 평온을 되찾았고 여행은 그렇게 이어졌다.

책을 통해 대단한 이야기를 하고 싶은 생각은 없다. 바쁘고 정신없는 하루 끝에 소중했던 시간이 빛바래 가는 것 같아 아쉬울 때가 많았다. 더 늦기 전에 즐거웠던 시간들을 돌아보고 다시 추억할 수 있기를, 그리고 책을 읽는 누군가도 잠시나마 즐겁기를 바란다.

2017년 9월

흑설탕 · 백설탕

CONTENTS

| 프롤로그 04

1장 배낭을 메고 길 위에 서다
아시아

순탄하지 않은 여행의 시작 12
배낭 여행의 참맛 19
형언하기 어려운 곳 31
현실과 초현실 사이 40
기도하는 마음으로 53
힘들수록 아름다운 60

2장 낯선 땅에서 느낀 전율
아프리카

내일은 없는 것처럼 72
계획하지 않은 일의 즐거움 79
낯선 유럽피언들과의 트러킹 86
눈물의 작별인사 96
리얼 아프리카 112
약육강식의 마사이마라 121

CONTENTS

어디까지 가봤니?
유럽

한국인의 흥과 정 134
캠핑 홀릭 142
냉전과 휴전 사이 153
여행자 바이러스 159
빛나는 노년을 위하여 168
애니멀리스트 174
권태기 처방전 180
지구 속의 우주 196
아쉬운 동유럽 205

인디아나 존스가 되어
중동

마술 같은 요르단 216
스쿠버다이빙의 추억 225
과거의 도시 231
이집트의 타흐리르 광장에서 241

5장 캠핑카 타고 내 맘대로 북미

뉴욕에서의 크리스마스 252
캠핑카 여행의 시작 257
미국 국립공원의 매력 262
대도시 증후군 274

6장 겸손해지는 대륙 남미

화끈한 남미의 첫인사 286
마음이 비워지는 시간 292
휴양지의 로망 300
초현실적인 아름다움 306
설탕부부의 춤바람 313
한국에서 온 멍청이들 317

| 에필로그 324

배낭을 메고 길 위에 서다_ 아시아

- 기간: 약 70일간
- 여행지: 중국, 라오스, 태국, 인도, 네팔 등
- 이동: 육로

순탄하지 않은 여행의 시작

엎친 데 덮친 격

걱정하는 가족들의 얼굴을 뒤로한 채 첫 행선지인 중국 윈난행 비행기에 몸을 실었다. 출발의 기쁨을 느낀 것도 잠시, 피로감이 몰려오더니 오슬오슬 감기 증상이 느껴졌다. 처음에는 피곤해서일 거라고 가볍게 넘겼는데, 스톱오버로 하룻밤을 보내게 된 홍콩의 침사추이 YMCA 호텔에 들어섰을 때는 저녁을 먹을 기운도 없어 나란히 앓아눕고 말았다.

여행을 마음먹은 것은 떠나기 7~8개월 전이었지만, 각자 회사 생활에 바빠서 준비할 여력이 없었다. 나는 떠나기 한 달 전에 휴직하고, 흑설탕은 보름 전에 퇴사하고 나서야 비로소 준비할 수 있었다. 그러나, 1개월도 안 남은 짧은 기간 동안 급하게 집 정리, 살림 정리, 여행준비를 하다 보니 떠나기 전날까지도 제대로 정리가 되지 않아 무척 애를 먹었다.

가장 큰 복병은 배낭 싸기였다. 가방 하나에 일 년 살림을 꾸린다는 건 그 어떤 미션보다 어려웠다. 아시아와 아프리카는 육로로, 유럽은 자동차로, 미국은 캠핑카로 다니는 등 대륙마다 콘셉트가 달랐기에 애초부터 그것에 맞게 짐을 싼다는 것 자체가 불가능했다. 주로 화장품과 옷을 어떻게 줄이느냐를 고민하는 나와는 달리 흑설탕은 전자제품에 왜 그렇게 집착하는지 하루에도 몇 번씩 넣다 빼기를 반복하고 있었다. 결국 우리는 배낭과 캐리어를 모두 가지고 떠나기로 했다. 다시 생각해봐도 어이없을 정도로 짐은 이민 수준이었다.

다음 날 아침, 밥 먹을 기운도 없어서 비싼 호텔 조식도 패스하고 공항으로 이동했다. 출국장으로 가는 길목에 신종플루 체온감시 카메라가 놓여있었다. 그 앞을 지날 때마다 죄지은 사람처럼 마음이 무겁고 두려웠다. 비행기 안은 신종플루 마스크를 착용한 사람들이 대부분이었고, 심지어 마스크를 착용한 스튜어디스도 있었다. 심하게 기침을 해대는 우리 두 사람은 눈총의 대상이 될 수밖에 없었다. 비행 내내 기침을 참느라 고역이었고, 머리가 너무 아파 중국 땅을 밟아보지도 못하고 한국으로 돌아가게 되는 것은 아닌가 싶었다. 고작 두어 시간밖에 안 되는 비행시간이 이삼일은 되는 듯 길게 느껴졌다. 비행기가 착륙하고, 중국 장수국제공항에 도착해 짐을 찾으려고 대기하고 있자니 그제야 안도의 한숨이 나왔다.

그러나 불행은 이게 다가 아니었다. 짐을 기다리면서 예약해놓은 게스트하우스 연락처와 이동 방법을 체크하고 있는데 느낌이 이상했다. 배낭은 나왔는데 대형 캐리어가 늦게까지 나오지 않는 것이었다. 결국, 그 많던 사람들이 입국장을 빠져나가고 둘만 덜렁 남았다. 영어가 잘 안 통하는 데다가 성의까지 없는 공항직원에게 짐이 다 나온 것인지를 문의하고 분실했다는 사실을 인정하기까지 꽤 오랜 시간이 걸렸다. 이후 한 장짜리 경위서를 어렵게 작성하고 공항을 빠져나왔을 땐 둘 다 녹초가 되어 있었다.

여행이냐 생존이냐

겨우 찾아 들어간 한인 게스트하우스인 쿤밍 '광 하우스'의 첫 느낌은 우울했다. 단독주택 느낌이 나는 고급스러운 1층 아파트였지만 정오가 지난 한낮인데도 빛이 잘 들지 않는 데다가 손님이 별로 없어 분위기가 우중충했다. 주인장이 예약해 둔 커플룸으로 안내하는데, 더블침대가 꽉 차 움직일 공간이 거의 없어 답답했고, 작은 창으로 빛이 잘 들지 않아 어둡고 축축한 느낌이었다. 물론 첫 행선지에서 짐을 잃어버린 우리에게 그 어떤 곳도 밝고, 활기차긴 어려웠을 것이다. 게스트하우스에 들어서면서부터 울상이었던 우리를 본 주인장의 느낌도 크게 다르지는 않았으리라.

중국어를 하는 주인장에게 부탁해서 경위서를 받아온 항공사에 전화했다. 이제 막 배우는 중이라서 유창하지는 않다는 그의 말대로 더듬더듬 이어지는 대화가 못 미더웠다. 통화를 마친 그는 항공사에서 다시 전화를 준다고 했으니 기다려보자고 했다. 그러나 그런 일이 비일비재해서 아무래도 찾기는 어려울 것 같다고 했다. 잠시 잊고 있었던 감기몸살은 눅눅한 게스트하우스의 공기에 더 심해진 것 같았다. 혹시나 해서 이것저것 물어보는 흑설탕을 놔두고 실망스러운 맘으로 방으로 들어왔다. 홍콩에서 출발할 때부터 아무것도 먹지 않았는데도 배가 하나도 고프지 않았다. 침대에 누웠지만 불을 켜도 어두컴컴하고 눅눅해 정신은 더 말똥말똥해졌다.

해가 지자 게스트하우스는 더 어두컴컴한 느낌이었다. 불을 다 켰음에도 불구하고 동굴 속에 들어와 있는 것처럼 음침하고 답답했다. 잃어버린 것들이 무엇인지 체크하기 위해 주섬주섬 짐 정리를 하고 흑설탕은 거실에서 노트북으로 중국 공항에서 짐 분실 관련 정보를 검색했다. 손님이 없는 줄 알았는데 낮 동안 투어를 하고 오신 50대 남자 여행자가 들어왔다. 우리의 이야기를 들은 어르신은 저녁은 먹었냐면서 게스트하우스 근처에 괜찮은 음식점이 있는데 같이 가자고 하셨다. 그렇지 않아도 샤오룽바오(만두)를 몇 개 사 먹은 게 오늘 식사의 전부였다.

숙소를 나서서 동네 골목길을 걷다 보니 마음이 차분해지면서 허기가 졌다. 어르신은 익숙한 걸음으로 골목 어귀에 있는 작고 허름한 음식점으로 안내했다. 테이블이 서너 개정도 있는 작은 가게는 저녁 시간이 지나서 손님이 없었다. 메뉴가 몇 개 없었지만 한자로만 쓰여 있고 사진도, 영어 안내도 없어 난감했다. 중·고등학교 내내 한자를 배웠는데 어쩌면 이렇게 하나도 눈에 들어오지 않는 건지. 영어고 중국어고 학창시절 배움이 생존에는 하나도 도움이 되지 않는 것 같았다. 어르신의 추천으로 볶음밥과 볶음면을 고르자 익숙한 중국어로 대신 주문을 해주셨다. 주문이 끝나기가 무섭게 커다란 프라이팬에 후다닥 볶아져 나온 음식들은 청결은 둘째치고 익숙지 않은 향신료 냄새에 선뜻 젓가락을 들기 쉽지 않았다. 후각의 거부감은 미각에도 영향을 끼쳐 속도가 나지 않았다. 나보다 더 향신료에 민감한 흑설탕은 한 젓가락도 제대로 넘기지 못하고 있었다. 그 와중에 어르신은 너무 맛있게 식사를 하고 계셔서 서로가 민망했다. 결국, 반도 못 먹고 다시 숙소로 돌아왔다. 둘 다 말없이 씻고 침대에 누워 일찍 잠을 청했다. 오랜동안 꿈에 그리고 준비해 온 여행이었지만, 첫날 밤의 기억은 말할 수 없이 피곤하고, 힘들고, 배가 고팠다. 1년간의 여행이 아니라 1년간의 생존이 될 수 있겠다는 생각이 들었다.

정신은 육체를 지배한다

다음 날 아침 서둘러 숙소를 나섰다. 예의 주시하는 주인장과 부산 어르신이 부담스러웠기 때문이었다. 몸은 아직 제 컨디션을 회복하지 못해 얕은 기침을 수시로 했고 흑설탕은 멀쩡했다가도 폭풍 기침을 발사하곤 했다. 그래도 나가야 기분전환이 될 것 같았다.

목적지인 민족촌은 게스트하우스에서 한 시간쯤 버스를 타고 가야 했다. 중국 소수민족의 삶을 볼 수 있는 곳이라는데 가이드북에 사진을 아무리 들여다봐도 별로 감흥이 없었다. 달린 지 십여분 정도 되었을까. 시내를 벗어나서 한가로운 풍경이 눈에 들어온다 싶었는데 후드득후드득 빗방울이 거세졌다. 빗줄기를 바라보는 착잡한 마음에도 어느새 비가 왔다. 옆에 앉은 흑설탕의 얼굴에도 그늘이 가득했다. 아프거나 병원에 가는 일이 거의 없지만 일 년에 한 번 몸살감기가 오면 며칠을 호되게 앓는 그였다. 아침에 면도했는데도 흑설탕의 얼굴이 거뭇거뭇했다. 비가 오는 민족촌은 한가하고, 조용했고, 흥이 나기에는 컨디션이 좋지 않았다. 결국, 한 바퀴 채 돌기도 전에 다투고 말았다. 상황이 좋지 않으니 둘 다 서로 조심하고 있다고 생각했는데 작은 말다툼이 번져 걷잡을 수 없이 커졌다. 숙소로 돌아올 때의 마음은 집에 가고 싶다는 생각뿐이었다.

숙소에 도착하니 생각지도 않게 주인장이 웃으며 반겼다. 가방을 찾았다고 연락이 왔단다. 경유한 홍콩에서 비행기에 실리지 않아서 다른 비행기 편에 실어 윈난으로 보냈고 도착하는 대로 숙소로 보내준다고 했단다. 소식을 전해주는 주인의 얼굴이 기쁨으로 환했고, 막 숙소에 들어온 부산 어르신도 기뻐해 주셨다. 해 지기 전에 짐은 다시 우리 품으로 돌아왔다.

그날밤 기쁨의 맥주 파티를 열었다. 주인장이 집 앞 포장마차에서 양꼬치와 맥주를 사 왔고, 저녁을 못 먹었다는 우리를 위해 부산 어르신이 얼른 볶음밥을 사 오셨다. 달달한 간장 소스가 발라진 꼬치는 물론 달걀과 함께 볶은 볶음밥도 맛있었다. 느끼할 때쯤 맥주를 한 모금 마시면 그 청량함과 함께 입안이 행복했다. 문득, 잘 먹는 우리를 보고 어르신이 말씀하셨다.

"오늘은 볶음밥 잘 먹네요. 이거 어제 그 집 볶음밥인데…."

그랬다! 향신료가 역해서 반도 못 먹었던 어제 그 볶음밥이었던 것이었다. 게다가 게스트하우스는 또 어떤가? 첫날 우중충하게 느꼈던 이곳이 오늘은 내 집 같고 따스했다. 짐을 찾기 위해서 몇 번이나 항공사에 전화해준 주인장도 고마웠고, 우울한 우리를 식당에 데려가 준 부산 어르신도 감사했다. 정신은 육체를 지배한다고 했던가? 그날 우리는 감기가 어디로 갔는지 큰 병의 칭다오 맥주를 엄청나게 마셨다.

여행 초기의 긴장 상태에서 만나는 변수들은 때로 감정을 극단으로 치닫게 하고 다툼으로 번지게 했다. 점차 변수를 인정하는 여유로움과 노련함도 생겨났지만 그렇게 되기까지는 꽤 오랜 시간이 필요했다.

배낭 여행의 참맛

별것 안 하는 즐거움

늦은 아침 겸 점심을 먹으려고 '넘버쓰리' 게스트하우스를 나섰다. 지난번 방문 이후 주인과 얼굴도 익힌 고성 앞 음식점을 가기 위해서였다. 가게 안으로 들어서서 익숙한 발음으로 미셴(국수)과 빠오즈(만두)를 주문했다. 한국의 시장에서 흔히 볼 수 있는 익숙한 맛이라 끌렸다. 슬리퍼를 질질 끌고 나온 모습이 흡사 늦잠 자고 일어나 아점을 먹으러 나온 주말 같은 느낌이었다. 자리 잡고 앉아 물을 따르고 수저를 놓으면서도 배가 고파 시선은 자꾸 주방 안을 향했다. 어두컴컴한 주방의 솥으로 주문한 미셴의 면이 들어가는 것을 확인하고 있는데 주인이 커다란 찜통에서 금방 김이 모락모락 올라오는 빠오즈를 가지고 왔다. 통통하고 촉촉한 비주얼과 고소한 냄새가 더해져 침이 고였다. 서둘러 뜨거운 빠오즈를 호호 불어 하나 입에 넣으려는 순간, 관광버스가 고성 앞 주차장에 멈춰 섰다.

갑자기 삼사십 명은 되는 중국인들이 쏟아져 나와 가게로 쳐들어왔다. 고성 투어 전에 주어진 짧은 점심시간 동안 식사를 마치기 위해서 소리를 지르듯이 음식과 음료수를 주문했다. 각자 자리에 앉아서도 마주 앉은 사람들과 이야기를 나누느라 소란스러웠다. 우리가 메뉴판을 신중하게 보고 주문할 때 별말 없이 기다려 주던 주인도 이때는 다른 사람이 된 듯했다. 온몸으로 소리를 지르며 주문을 받고 찜통에서 빠오즈들을 빠른 속도로 꺼내고 테이블로 음식을 날랐다. 고양이 혀라서 뜨거운 음식을 빨리 먹지 못하는 나는 괜스레 마음이 급해져서 입에 서둘러 넣느라 입천장이 델 정도였다. 첫날에는 그 소음에 귀가 얼얼할 지경이었으나 곧 적응됐다.

따리 고성 앞 주차장에는 하루에도 몇 번씩 대형 관광버스가 수많은 여행객들을 쏟아놓았다가 다시 태우고 떠나기를 반복했다. 다른 지방에서 온 사람들은 내릴 때마다 저마다의 감탄사를 표현하느라 소란스럽고 어수선했다. 마치 떼창을 하는 것 같기도 하고, 단체로 말싸움하는 것 같기도 했다. 하지만 그 속에서도 일사불란한 규칙은 있었다. 깃발을 손에 든 가이드를 따라서 분주하게 고성으로 들어갔다가 다시 나오곤 했는데 나올 때도 지친 기색 없이 고성에 대한 그들만의 감상을 소리 지르듯이 나누곤 했다. 그때마다 나른하게 졸던 고성은 다시 한 번 깨어나는 듯했다. 고성 앞 상점들은 관광객보다 더 큰 소리로 호객을 하면서 간식이나 음식을 팔고 그들이 사라지면 다시 언제 그랬냐는 듯이 잠잠해졌다.

고성 안으로 들어가면 마치 다른 세상으로 빨려 들어가는 것 같았다. 화려하게 꾸며져 있는 것도 아니고 보지 못했던 새로운 것들이 있는 것도 아닌데 익숙한 느낌과 이국적인 느낌이 적절히 섞여 편안하면서 매력적이었다. 고성 안에 흐르는 작은 개울을 사이에 두고 책이며, 기념품들을 파는 가게들이 쭉 늘어서 있어 소소한 구경거리가 많았다. 딱히 살 게 있는 건 아닌데도 그냥 지나치지 못하고 2~30분쯤 구경하다 결국 무언가를 자꾸 사게 되었다. 상인과 요란하게 흥정을 하는 과정은 그 자체로 재미있었다. 옥신각신하다 보면 그 물건이 원래 얼마짜리인지보다 얼마나 깎았는지가 더 중요해졌다. 비싼 것이든 싼 것이든 까만 비닐봉지에 덜렁 담아 주는 것은 마찬가지였다.

가게들을 신나게 구경하다 메인 골목이 지겨워지면 샛길로 들어섰다. 어떤 골목에는 배낭 여행자들을 위한 이국적인 카페들이 모여 있어 맛있는 커피나 칵테일을 맛볼 수 있고, 어떤 골목에는 화덕피자를 파는 가게와 두툼한 스테이크를 파는 가게도 있었다. 대부분 고성 밖의 현지인들이 가는 작은 가게에서 중국식 볶음밥이나 볶음면, 또는 미셴과 빠오즈를 먹었지만, 가끔 고성 안의 화덕피자와 커피를 마시러 가기도 했다. 무언가 새로운 일이 일어나지 않더라도 사람을 편하게 해주는 분위기에 얼마든지 조용히 쉼을 즐길 수 있을 것 같았다. 이제야 조금 타국의 낯선 골목을 여유롭게 기웃거리며 '별것 하지 않는' 즐거움을 알아가기 시작했다.

말과의 사투

호도엽 투어를 위해 샤오터우 마을로 가는 시외버스를 타려는데 따리에서 투어를 같이 했던 다정한 모녀를 다시 만났다. 여행 코스가 비슷했던 터라 또다시 보리라는 기대감은 있었지만, 이렇게 만나니 더 기뻤다. 입구에 도착하니 조랑말을 타라며 호객꾼들이 따라붙었다. 흑설탕의 능숙한 흥정으로 네 명이 탈 말이 금방 섭외되고 곧 투어는 시작되었다.

호도엽은 생각보다 훨씬 험준했다. 오르는 길은 좁고 가팔랐고 오른쪽에는 강이 굽이굽이 흐르는 낭떠러지가 있었다. 처음에는 절경에 감탄

하면서 앞에 가는 두 모녀와 흑설탕의 사진도 찍어주고 주변을 둘러보는 여유가 있었지만 곧 말 안장을 붙들고 떨어지지 않게 매달리느라 정신이 없었다.

특히 덩치 좋은 흑설탕을 태운 말의 비참함은 이루 말할 수가 없었다. 경사가 가장 심하고 험준한 28밴드를 올라갈 때는 괴로워서 콧김을 뿜고, 계속 똥을 싸기도 했다(진짜다!). 그렇다고 흑설탕은 편했을까. 경사로가 심할수록 말 안장에서 계속 미끄러져서 아슬아슬하게 매달리는 형태가 되었다. 흡사 둘은 사투를 벌이는 듯했다. 뒤에 가는 나는 웃긴데 웃을 수도 없고, 안쓰러운데 도와줄 수도 없었다. 아이러니하게도 둘의 몸짓이 치열해질수록 호도협의 풍경은 더욱 장관을 향해 치닫고 있었다.

힘든 고비를 서너 번 지나 드디어 오늘 자고 갈 산장인 '차마객잔'에 도착했다. 해가 지기 전에 도착하기 위해서 말들을 몹시 다그쳐 올라오던 길이었다. 흑설탕이 탄 말은 거친 숨이 쉽게 진정이 되지 않았다. 그 사이에 폭삭 늙은 것도 같았다. 흑설탕도 땀 범벅이었지만 말에 대한 미안함에 당근을 연신 입에 넣어주고 있었다. 나도 말의 갈퀴를 쓰다듬어 주려고 다가갔다가 눈에 그렁그렁하게 맺힌 눈물을 보았다. 몰랐다면 모르지만, 그 눈빛을 본 이상 다시 말을 타기는 어려울 것 같았다. 너를 타주는 것이 너의 생계를 위해 좋은 일이냐. 안 타는 것이 괴롭히지 않는 일이냐. 이후로도 여행 중에 만난 노동하는 동물들을 볼 때마다 참으로 어렵고 답이 없는 고민이 반복되었다.

차마객잔은 비수기라 텅 비어있었지만, 규모가 꽤 큰 산장이었다. 화려하게 꾸미지 않아도 푸른 하늘이 지붕이고 저 멀리 산봉우리가 병풍이라 고급 인테리어에 비할 바가 아니었다. 저녁 식사 후 차를 마시면서 옥상에서 하늘을 보고 있는데 노을 지는 하늘색이 기가 막혔다. 해가 완전히 지고 불빛 하나 없는 밤이 되니 하늘의 별들이 찬란했다. 하늘을 보던 흑설탕이 감탄하며 물었다.

"우리가 한국에서 밤하늘을 본 적이 있었나?"

누구에겐 여행지이지만 누군가에는 조랑말을 끄는 직장이 된다는 것. 분명 한국의 하늘에도 이렇게 별들이 반짝일 터였다. 여행을 마치고 돌아가면 여행자의 맘으로 밤하늘을 자주 올려다보리라 다짐했다.

이유 있는 매력의 라오스

라오스 비엔티엔의 시외버스 터미널은 출발시간이 가까워져 와도 북적거리는 느낌이 없이 한적했다. 우리 이외에 몇몇 외국인이 있을 뿐이었다. 시간이 되어 방비엥으로 가는 차에 올라타니 대형 2층 버스에 탄 사람이라고는 고작 10명 남짓, 텅텅 빈 채로 제시간에 맞춰 떠나지는 않을 거라는 생각이 들어 뒷자리에 자리 잡고 간식을 꺼냈다. 교통 인프라가 덜 발달한 나라에서는 예정시간이 지나도 사람들이 다 채워지기를 기다렸다 출발하는 것은 예사이고 인프라가 발달한 곳은 사람이 많아서 만원인 버스를 타기가 일쑤였다. 시간을 꼭 맞추어야 하는 미션이 있는 것도 아니고 화를 낸다고 해결되는 것도 아니기에 뜻대로 되지 않는 것들에 안달하지 않는 여유가 조금씩 생기고 있었다.

방비엥은 버스를 타고 5시간을 꼬불꼬불 달린 끝에 생뚱맞게 산 중간에 있었다. 배낭 여행자의 천국이라 하여 방콕 카오산 로드 정도 되는 번화가를 생각했는데 어느 방향으로나 산이 보이고 강이 흐르는 작고 아담한 마을이었다. 사방이 산으로 둘러싸여 있는 데다가 마을 앞 굽이굽이 쏭 강이 흐르고 있어 동강이 흐르는 정선 아우라지 같은 느낌이었다. 정선과 다른 것은 밀림이 우거져 있고 맑은 물이 아니라 검은 흙탕물이 흐르고 있다는 것 정도.

번화가라고는 버스터미널을 중심으로 작은 상점들과 여행사들이 늘어선 메인 길이 다였다. 메인 길 '유러파스트리트'는 낮에는 한적하고 여유로웠지만, 밤이 되면 거리는 변했다. 낮 동안은 문을 열지 않거나 점심을 팔던 가게들이 저녁에는 화려한 사이키를 돌리며 무도회장으로 변했다. 오후가 되면서 낮 동안 튜빙이나 카약킹 등 투어를 하면서 기분이

업된 여행자들이 새로 만난 친구들과 못다 한 회포를 풀기 위해서 술집으로 모여들었다. 레드불 같은 에너지 드링크를 넣은 위스키를 마시면서 내일의 에너지까지 오늘로 모아 발산했다.

메인 길을 벗어나면 현지인들이 사는 집들이 옹기종기 모여 있었다. 담이 높지 않거나 아예 없어 뒤뜰이나 안방이 훤히 보였다. 학교에서 돌아온 아이들이 마당에서 장난을 치면서 놀기도 했고 어떤 아이는 엄마의 재촉에 바닥에 엎드려 숙제를 하기도 했다. 말을 알아듣지는 못해도 '그만 놀고 숙제해야지. 넌 도대체 뭐가 되려고 그래.' 정도 되지 않을까 싶었다. 나무와 풀을 얼기설기 엮은 지붕과 야트막한 담으로 마당이 드러난

모양새가 한국 시골의 느낌 그대로였다.

우리는 마을의 초등학교 근처 호텔에 여장을 풀었다. 그 길을 오가는 동안 대부분 교실에서 공부하느라 운동장이 한산했지만 쉬는 시간에 그 앞을 지나갈 때면 열심히 공을 차는 아이들도 있었고, 막대기로 땅에 무언가를 그리는 아이들도 있었다. 호기심이 가득한 개구쟁이들은 자주 보는 동양인이 어색하지 않은지 손을 흔들어 주기도 했다. 푸근해서, 친근해서 라오스가 좋았다.

진흙탕 싸움

강가를 배경으로 알록달록한 카약들이 줄지어 놓여있었다. 카약을 2인 1조로 나누어 타고 간단한 가이드의 설명을 듣고 바로 출발했다. 회사 사람들과 워크숍으로 동강 래프팅을 갔을 때는 안전에 대해서 엄청 주의를 받았던 것 같은데 훨씬 깊고 물살이 빠른 강물인데도 별다른 설명이 없었다. 몇 번 허우적대며 노를 젓다 보니 자연스럽게 강을 내려가고 있었다. 비가 와서 물이 많이 불어난 터라 카약의 속도는 무척 빨랐고 큰 바위며 우뚝 선 나무들이 스릴을 더하고 있었다. 강 중간에 큰 바위가 나타나 급히 턴을 하기도 하고 나무 그루터기에 카약이 걸리기도 했다. 카약이 익숙해지고 물살의 흐름을 어느 정도 조절할 줄 알게 되자 속도 경쟁이 붙었다. 다른 카약들을 제치며 달리는 기분도 새로웠다.

잘한다고 생각할 때가 제일 위험한 법. 물길이 좁아지는 구간에서 카약이 나무에 걸렸다. 흑설탕이 강 쪽까지 깊게 드리워져 있는 나뭇가지를 붙잡고 카약의 방향을 틀려고 하는데 손이 미끄러졌다. 훑은 가지에서 벌레들이 우수수 떨어져 흑설탕의 다리로 쏟아졌다. 족히 손가락 두 마디는 될 법한 굵직하고 다리 많은 새까만 벌레들을 보자 흑설탕은 평정심을 잃었다(벌레들도 그랬겠지만…). 평소에는 징그러워서 만지지도 못할 벌레들을 손으로 마구 집어서 물속으로 던지기 시작하는 것이었다. 당황한 것은 나도 마찬가지였으나 벌레를 집어 던질 때의 반쯤 넋이 나간 흑설탕의 얼굴은 혼자 보기 정말 아까웠다. 화나게 할 때마다 돌려봐도 좋을 만큼 역사에 길이 남을 장면이었는데 동영상으로 못 남긴 게 두고두고 아쉬울 뿐이다.

카약킹 중간에는 점프대가 있어 사람들이 줄을 잡고 물속으로 신나게 뛰어들고 있었다. 부슬부슬 내리던 비가 제법 굵은 빗방울로 변했는데도 점핑을 하는 사람들은 즐거워 보였다. 우리 팀도 쉼터에 카약을 정박시키고 원하는 사람들은 점핑을 하기 위해 줄을 섰다. 흔들거리는 줄에 매달려 살벌하게 강으로 뛰어드는 모습은 직접 뛰어도 재미있고 구경만 해도 재미있었다. 한국인 일행들이 점핑을 하려고 줄을 섰는데 가이드가 몹시 걱정하면서 구명조끼를 입으라고 했다. 유럽사람은 어느 누구 하나 구명조끼를 입지 않았는데 말이다. 흑설탕을 포함한 한국 청년들 셋은 청개구리처럼 가이드의 말을 듣지 않고 줄에서 마구 뛰어내렸다. 착하고 겁도 많은 나만 얌전히 구명조끼를 착용하고 점프대에 섰는데 아래서 보는 것보다 너무 높고 물살이 세서 잠시 망설였다. 하지만 줄에 매달리고 나니 로프의 반동이 강해서 물속에 떨어지는 것은 아주 잠깐이었다. 첨벙 하고 물속에 빨려 들어가는 느낌도, 물에 떠올랐을 때의 성취감도 즐거웠다.

누군가는 계속 점핑을 하고 누군가는 맥주를 마시며 비 오는 쏭 강을 즐기고 있는데 갑자기 독일 남자애가 흙탕물 사이에 놓인 동아줄을 잡아당기며 줄다리기를 하자고 도발했다. 잽싸게 일어난 동양 남자 셋을 보고 저쪽 편에서도 두 명이 더 붙어서 3대3 줄다리기가 시작되었다. 비가 와서 바닥이 흙탕물이라 한쪽이 줄을 세게 잡아당겨 힘의 균형이 깨지면 반대편은 모두 진흙 바닥에 내동댕이쳐졌다. 3대3은 곧 4대4가 됐다가 나중에는 네 편, 내 편 없이 십여 명이 달려들어 아수라장이었다. 동아줄에 손이 쓸려 피가 나기도 하고 흙탕물에 얼굴부터 제대로 처박히기도 하는 등 부상자도 속출했다. 누가 이겼는지를 가늠하기 어려운 상태에서 양쪽 모두 꼴이 말이 아니었다. 아, 이래서 진흙탕 싸움이라고 하는구나. 하지만 다들 승부와는 상관없이 어린애처럼 진흙탕에 뒹굴며 재미있게 놀았다. 비록 흑설탕이 가장 아끼는 티셔츠를 입고 있던 바람에 흙탕물에 찌든 티셔츠는 쓰레기통으로 들어갔지만(두고 두고 슬퍼했다), 사진으로 남아 영원히 추억 속에 함께 하는 것으로 위안을 삼기로 했다.

저렴한 돈으로 스릴 넘치는 시간을 보낼 수 있는 여행지를 추천해달라고 한다면 주저하지 않고 라오스를 외치리라. 저렴한 돈으로 고요한 시간을 보낼 수 있는 여행지를 추천해달라고 한다면 역시 라오스를 외치리라.

형언하기 어려운 곳

혼돈스러운 첫인상의 꼴까다(Kolkata)

인도 여행을 다녀온 사람들과 이야기를 하다 보면 평가가 각양각색이다. 누군가는 매력 있는 나라라고 말하고, 누군가는 다시 가고 싶지 않은 나라라며 고개를 절레절레 흔들기도 한다. 나는 아직도 뭐라고 말하면 좋을지 적당한 말이 생각나지 않는다. 그저 아직 인도를 잘 모르겠다고만 해두려 한다.

꼴까다는 '과거의 도시' 같았다. 영국 식민지 시절의 수도로 화려한 건물들과 거리의 모습은 남아있지만, 시간이 멈춘 채 녹슬고 닳아져서 현재를 사는 사람들과는 무관한 듯 이질적인 느낌이었다. 낡은 건물과 거리, 릭샤와 오래된 자동차들, 그속에 부산한 사람들은 마치 옛날 영화나 흑백 사진을 보는 듯했다. 눈앞에 현실이 아닌 과거가 펼쳐진 느낌이라고 할까. 그 분위기에 적응하지 못해 오래 머물기가 힘들었다.

꼴까다에 도착한 순간, 찌는 듯한 더위와 소란스러움에 기가 질려버렸다. 공항에 내려 어리바리한 유럽 배낭 여행 커플과 쉐어해서 택시를 타고 시내로 향했다. 강렬한 태양 아래 그늘 한 점 없는 도로와 거리에는 온갖 탈 것들과 사람과 동물들이 한데 섞여 아우성이었다. 자동차를 무서워하지 않고 굉음을 내면서 돌진해오는 오토 릭샤와 사이클 릭샤의 모습은 아찔하다 못해 무모해 보여 택시 안에서도 움찔움찔하게 했다. 우리를 태운 노란색 택시는 6~70년대에 만들어졌을 법한 차라 움직이는 것 자체가 신기한데 어찌나 교묘하게 그사이를 잘 빠져나가는지, 자정 이후 강남의 택시는 저리가라였다. 그것들은 사방으로 엉켜서 숨쉬기도 힘들 만큼 뽀얀 먼지를 일으키고 서로에게 소리 지르고, 그러면서도 각자 목적지로 유유히 빠져나갔다. 혼돈스러운 모습에 '지옥이 있으면 이것과 같겠구나' 하는 생각이 들었다. 사람들은 또 광주리를 이거나 물건을 등에 진 채 차와 릭샤 사이를 헤집고 건너고 있었다. 아무렇지 않은 표정과 익숙한 몸짓. 그들 눈에는 마치 서로가 안 보이는 듯했다. 다른 시간 속에 있는 것 같았다. 옆에 앉은 서양 여자도 처음 보는 광경인 건 마찬가지인 듯 "오 마이 갓!"을 연발하고 있었다. 그래, "오 마이 갓!" 이

보다 적절한 표현은 없을 것 같았다.

그런데 그 중 더 눈길을 끄는 것이 있었다. 그건 사람이 직접 끄는 릭샤였다. 머리가 하얗고 마른 뒷모습에 허리까지 굽은 노인이었는데 그는 오토바이나 자전거에 연결한 것이 아닌, 몸으로 직접 릭샤를 끌고 있었다. 게다가 흙먼지에 더럽혀져 거의 회색에 가까운 발은 신발도 신고 있지 않았다. 세상에, 이걸 감히 비참하다고 표현해도 되는 건지 여기는 인도니까 그럴 수도 있다고 반응해야 하는 건지 판단이 서지 않았다. 인도에서는 이게 정말 아무렇지도 않은 것일까. 릭샤꾼과 나란히 움직이던 택시는 이내 그를 앞질러 버렸다. 스쳐 지나는 릭샤꾼 노인과 눈이 마주쳤지만, 그의 얼굴에는 빛이 없었다. 그의 모습을 바라보는 나도 웃음기가 사라졌다.

택시가 우리와 유럽 커플을 여행자 거리인 '서더스트리트'에 토하듯이 내려놓았을 때쯤 날은 이미 어둑어둑해졌다. 갑작스럽게 한산한 거리에 떨어진 우리는 혼돈과는 또 다른 두려움을 느꼈다.

문화적 충격

꼴까다의 숙소 수준에 관해서 책과 여행자들의 이야기를 들어 대략 알고는 있었지만, 여행자 거리 서더스트리트를 돌아다니면서 비로소 우리가 어디에 와 있는지 실감이 났다. 가이드북에서 찍어놓은 게스트하우스 대부분이 중급 이상 가격대(물론 다른 나라와 비교하면 상대적으로 물가가 저렴하지만)임에도 제대로 된 잠금장치가 없는 방이 태반이었다. 폭염인데도 에어컨은커녕 유리창이 깨져있거나 샤워장이 밖에서 훤히 보이는 것은 다반사고, 매트리스는 대부분 가운데가 푹 꺼져서 원치 않아도 더블침대의 가운데로 두 사람이 다정히 모이게 되어 있었다. 일주일간 배낭 여행자의 천국인 태국 카오산에서 머물다가 넘어온 터라 급격한 환경 변화에 적응하기가 쉽지 않았다.

하지만 두어 군데의 숙소를 둘러본 후 곧 현실을 깨닫고 날이 어두워지기 전에 그나마 상태가 괜찮은 파라곤 게스트하우스에서 인도의 첫 여장을 풀었다. 가지고 있던 두꺼운 지도로 화장실에 난 큰 구멍을 막고 가방에 채우던 자물쇠를 방문에 채웠다. 흑설탕이 상태가 좋은 방이 나오면 바로 옮겨달라고 하자며 나를 위로해 주었다. 그러나 위로받을 사람은 그였다. 더위에 유독 약한 흑설탕 때문에 에어컨이 나오는 방을 못 구한 게 걱정스러웠다.

거리도 둘러보고 저녁을 먹기 위해 게스트하우스를 나섰다. 배낭 여행자는 호텔 존이 아닌 주로 저렴한 게스트하우스를 찾기 때문에 여행자 거리는 대부분 다소 못사는 동네에 있는 경우가 다반사였다. 하지만 여기 꼴까다의 배낭 여행자 거리는 최빈민층이 사는 동네인지 허름함이 이루 말할 수 없었다. 불빛이 환한 시장 거리를 걷다가 조금 한적한 길로 들어섰는데 쓰레기처리장인지 각종 오물더미에서 까마귀와 개와 사람이 뒤섞여서 무언가를 뒤지는 모습을 보았다. 악취가 진동하는 가운데 맨손으로 오물을 뒤적거리는 여인과 아이들의 비참한 모습이 너무 충격적이어서 그 거리를 벗어난 이후에도 한동안 겁이 나고 기분이 이상했다. 이후로도 그 길은 무서워서 가급적 멀리 돌아다녔다.

또 저녁을 먹으려고 기다리던 음식점 앞에서 어디선가 훔쳐온 닭을 물어뜯는 길거리 개떼들을 보았다. 길에서 사는 개들이라 야생성이 있어야 살아남을 테지만, 날카로운 이빨을 드러내며 피 흘리는 닭을 뜯는 모습은 너무 섬뜩했다. 위생 개념은 개나 줘버린 싸구려 길거리 음식에 잔상이 겹쳐졌다. 미칠듯한 배고픔이 아니었으면 반도 못 먹었을 터, 하지만 내일 또 무엇을 볼지 알 수 없었기에 도착 이후 급격히 말수가 줄어든 우리는 말없이 그것을 삼켰다.

게스트하우스로 돌아가는 길에는 길거리에서 생활하는 사람들을 보았다. 맨땅에 옷을 깔고 잠을 청하고, 바닥에 앉아 식사하며, 하수구에서 흘러나오는 물로 목욕하기도 했다. 그런 이들이 너무 많아 거리를 걸으면서 계속 놀라기도 힘들었다. 길에서 아이를 안고 구걸하던 여인은 그녀조차도 너무 어리고 보호받아야 할 나이인 것 같아 속상하고 힘들었다. 근처에 마더 테레사 하우스가 있어 많은 사람들이 봉사활동을 하러 오던데 비참한 그들의 모습을 보니 봉사의 마음이 절로 생겼다.

험난했던 서더스트리트 주변 탐방을 마치고 게스트하우스로 돌아가니 그나마 문도 잠글 수 있고 유리창도 달린 방을 구한 게 얼마나 다행인가 싶었다. 연중 가장 더운 계절에 인도에서 가장 더운 지역으로 온 탓에 샤워해도, 가만히 있어도 땀이 절절 났지만, 불평할 수가 없었다. 지금 내가 가진 아주 작은 것에 감사하게 하는 곳, 그것이 인도가 아닌가 싶었다.

흑설탕의 이상증세

벵갈토라 투어리즘 센터의 영어 가이드가 포함된 일일 투어도 신청할 겸 시내 구경을 하러 비비디박으로 향했다. 택시를 타면서부터 내리기 시작한 비는 이곳저곳을 구경하며 돌아다니는 내내 따라 다녔다. 변두리에 있는 서더스트리트와 달리 유럽식의 웅장한 건물들과 시원한 도로들이 마치 오래된 유럽 거리를 걷는 느낌이었다. 비가 와서 그런지 원래 그런 건지 거리가 온통 잿빛이고 색감이 생략된 듯해 수묵화 속을 걷는 기분이었다.

길을 걷다 보면 말을 걸어오는 사람이 꼭 한둘씩 있었는데 비비디박도 예외는 아니었다. 딱히 도움을 요청하지도 않았는데 어디를 가냐고 물어 처음엔 당황스러웠다. 그러나 몇 마디 나누다 보면 단순한 호기심에 말을 걸었다거나 자기네 집이 기념품 가게를 하는데 가지 않겠느냐는 둥 금방 목적이 드러났다. 차츰 그런 인도인들에게 적응하여 자연스럽게 상황을 넘기기는 하였지만 그래도 낯선 사람의 알 수 없는 호의는 사람을 긴장시켰다.

유난히 깊고 큰 눈을 가져 호기심이 충만해 보이는 인도 사람들은 지나가는 우리를 신기한 눈으로 쳐다보기 일쑤였고, 쳐다보는 수준을 넘어서서 고의로 스쳐오는 손길들이 있었다. 여행 다니는 외국 여자는 성적인 관념에 대해서도 자유롭다고 생각하고 공공연한 성추행을 한다는 이야기를 들어 알고는 있었지만, 그 시선과 손길은 생각보다 뜬금없이 다가오고 생각보다 끈질겼다. 그냥 스친 것 같기도 하고, 고의로 만진 것 같기도 한 찜찜한 느낌.

안전을 생각하여 번화한 거리 위주로 다니고 걸으면서도 흑설탕과 떨어지지 않으려고 노력하다 보니 사람이 많은 거리를 걸을 때는 무슨 일이 생길까 늘 긴장을 풀지 못했다. 하지만 스스로 잘 처신하고 있다고 생각했는데 나에게 주파수가 맞춰져 있던 흑설탕은 날카롭고 신경질적이었다. 그는 노점 상인에게 질문하는 것을 저지하기도 하고, 시야를 벗어나면 짜증을 내기도 하는 등 갈수록 날카로워졌다. 노점 구경을 하느라 잠시 멈춘 사이 흑설탕이 앞으로 걸어갔다가 내가 없는 것을 알고 놀라서 되돌아온 모양이었다. 나를 보자마자 뭐 하는 거냐며 격하게 화를 냈다. 나도 화가 나서 흑설탕에게 참았던 한마디를 했다.

"나는 와이프지, 딸이 아니야. 왜 자꾸 애 다루듯이 하는 거야. 자꾸 이러면 내 여행은 정말 재미없어진다고."

곧 흑설탕도 담아두었던 한숨을 토했다.

"나도 신경 쓰느라 얼마나 머리 아픈지 알아? 차라리 친구랑 왔으면 이렇지는 않았을 거야! 내 몸 하나도 보호하기 바쁜데 왜 이래야 하는지 정말 미쳐버리겠다!"

길거리에서 언성이 높아지자 오지랖쟁이 인도인들이 서둘러 원을 그리며 구경을 했다. 순간 이건 아니다 싶어서 재빨리 자리를 피했고 길을 벗어날 때까지 잡은 손을 놓지 않았다.

하루가 일 년 같은 며칠을 보내면서 꼴까다 시내 투어도 하고 파라곤 게스트하우스에 장기 체류하는 배낭 여행자들과도 친해져 밤에는 함께 맥주도 마셨다. 그 사이 길거리를 오가면서 황망하게 오픈되어 있는 화장실도 익숙해졌고 즉석에서 깎아주는 과일과 바로 구워 따끈따끈한 에그롤 등의 길거리 음식도 즐기게 되었다. 그러나 인도 사람들의 음흉한 눈빛과 손길은 도저히 익숙해지지 않았다.

CENTRAL BANK OF INDIA
VIJAYA BANK

현실과 초현실 사이

원치 않는 친절은 폭력

호기심 가득한 인도인들과 함께 침대칸을 타고 밤새 길을 달려 바라나시 역에서 내렸다. 처음 타보는 인도의 야간열차인 데다가 잠든 사이 벌어지는 온갖 흉악한 범죄에 대해서 너무 많이 들은 터라 제대로 잠을 자지 못했다. 주위 사람의 표정이 무표정하면 무표정한 대로, 웃음기가 있으면 있는 대로 그 저의를 파악하기가 힘들어 초긴장 상태였다.

역에서 내려 호객행위를 하는 극성스런 오토 릭샤 중에서 한 대를 잡아타고, 고돌리아까지 왔는데 운전할 때는 별말 없던 릭샤 왈라가 갑자기 숙소까지 데려다준다며 릭샤를 길에다 급히 세우고 따라왔다. 알아서 가겠다고 하는데도 느끼함이 가득한 번들거리는 얼굴에 묘한 웃음까지 띠며 따라오니 공포 영화가 따로 없었다. 정중하게 몇 번이나 거절했는데도 계속 어느 쪽으로 가느냐며 이것저것 묻고 수다를 떨었다. 그 뻔뻔함에 무슨 속셈인지 몰라 마음이 불안해졌다.

그런데 바라나시 가트까지 가는 꼬불꼬불 골목길이 만만치 않았다. 헤매는 것이 역력하자 릭샤 왈라가 더 적극적으로 돌변했다. 갑자기 짐을 들어주겠다며 가방을 잡아당기는 것이었다. 지도를 보고 있던 흑설탕이 깜짝 놀라 저지하면서 화를 냈다. 그는 번들번들하게 웃으며 "알았어. 알았다니깐." 하고 가방에서 손을 떼며 어깨를 으쓱했다. 그리고는 계속 우리를 따라왔다. 둘 다 무거운 배낭을 앞뒤로 멘 상태라 움직임이 용이하지 않은 데다가 짐을 강탈하려고 하면 속수무책일 것 같았다. 여러 가지로 불리했다.

무슨 속셈인지 릭샤 왈라가 이번에는 "내가 좋은 게스트하우스를 알려줄게." 하면서 앞장을 섰다. 그를 무시하고 최대한 침착하려고 했으나 초행길이라는 것을 눈치챈 불량해 뵈는 동네 청년 몇이 더 합세해 유창한 한국말로 "어디 가요?"라고 물었다. 발음은 왜 그리 좋은지. 자기들끼리 실실 웃으면서 참견하는 모습에 결국 참을성이 폭발해서 "우리가 알아서 갈 테니까 가란 말이야!" 하면서 소리를 질렀다. 하지만 그들은 조금 거리를 두는가 싶더니 농담을 지껄이면서 다시 따라왔다.

소와 개와 염소가 가득한 골목길에서 동물들이 싸놓은 똥들을 밟지 않으려고 애를 쓰며, 어깨를 짓누르는 가방의 무게를 온몸으로 느끼며 시끄럽게 계속 말을 걸어대는 그들을 무시하며 헤매기를 한 시간. 겨우 가트 앞에 있는 알까 호텔로 들어섰다. 땀에 젖어 지친 얼굴로 들어오는 우리에게 카운터에 있던 지배인이 인사를 했다. 그리고 그 뒤에 따라오는 동네 청년들을 안으로 들어오지 못하게 제지하면서 정중하게 일행이냐고 물었다. 아니라고 단호하게 말을 하고 안도의 한숨을 쉬면서 로비의 의자에 앉았다. 그는 잠시 우리가 숨을 돌릴 때까지 기다려줬다. 군더더기 없는 말과 적당한 친절에 다른 호텔은 볼 것도 없이 묵기로 결정했다. 다시 골목길로 나가면 또 그 거머리들이 따라올 것이 뻔하기도 했다.

얼굴을 익힌 동네 청년들은 이후에도 골목에서 종종 마주쳤다. 그때마다 어디 가냐 묻고, 보여줄 것이 있는데, 따라오라며 귀찮게 했다. 워낙 오지랖이 넓은 성격에 관광객을 상대로 약간의 도움을 주고 푼돈을 버는 맛을 들인 탓이라는 것을 이해하기는 했지만, 상대방이 원치 않는 친절이 얼마나 폭력적일 수 있는지 새삼 깨달은 경험이었다.

시체에 대한 추억

바라나시 사람들은 갠지스 강가에서 씻고, 먹고, 자며 죽은 후에도 한 줌의 재가 되어 강에 뿌려졌다. 강가 화장터에서는 시체를 화장하느라 매일 밤 불길이 솟아올랐다.

바라나시 도착 첫날, 한국 음식점 라가 카페도 들르고, 화장터도 둘러보러 파이어 가트 쪽으로 나갔다. 접근하기 어려운 곳에 있을 줄 알았는데 화장터는 담도 없이 길가에 노출되어 있었다. 동네 청년들이 촬영금지이긴 하지만 돈을 내면 가능하도록 해주겠다며 따라왔으나 대꾸도 하지 않았다. 가이드북에서 수 없이 읽은 수작이고, 낮에 뼈아프게 겪은 경험상 처음부터 단호하게 상대를 하지 않는 것이 편했다.

화장터 곳곳에 흰 천으로 둘러싸인 시체들이 놓여있었고, 기도하는 가족들의 모습이 보였다. 화장터의 사람들은 천에 둘둘 싸인 시체들을 강물에 적셨다가 불에 태우고 그 재를 다시 털어서 강가에 버리느라 분주했다. 계속 몰려드는 시체들과 가는 마지막 모습을 지켜보는 가족들, 그 모습은 바라나시의 독특한 분위기 때문인지 징그럽거나 이상하지 않고 경건한 느낌이 들었다. 많은 외국 관광객들이 한 줌 재로 돌아가는 그 모습을 보면서 다들 생각에 잠겨 있었다.

시체를 옮기는 사람들과 구경하는 사람들에게 밀려 앞쪽으로 이동하자 바로 앞에서 타고 있던 시체에서 불꽃이 환하게 솟아 얼굴이 뜨거울 정도였다. 순간적으로 치솟은 불꽃에 놀라서 뒤로 한 걸음 물러서는 찰라, 장작더미 위에 올려져 활활 타오르던 시체의 한쪽 팔이 무언가를 잡으려는 듯 위로 들어 올려졌다가 '툭' 하고 떨어졌다. 곧 화염에 휩싸여 버렸지만, 마지막 가는 아쉬움이었을까. 하지 못한 말이 남아있던 것일까. 어쩌면 남겨진 가족에게 잘 있으라 손을 흔들고 싶었는지도 모르겠다.

다음날 보트 투어를 위해 바라나시 유명인사 철수 씨를 만나러 새벽 5시에 호텔을 나섰다. 한비야 씨가 지어주었다는 이름뿐만 아니라 그 친절함으로 한국 여행자들에게 유명한 철수 씨는 매너남이었다. 2명의 한국 여행객과 함께 보트에 올라 설명을 들으며 새벽 갠지스 강가의 정취를 한껏 느꼈다. 새벽 강가는 부지런한 관광객 이외에도 인도인들이 아침 목욕을 하고 있었고, 밤새도록 타올랐을 화장터 근처에는 미처 꺼지지 않은 작은 불씨가 한줄기 회색 연기를 하늘 높이 피워 올리고 있었다. 그런데 문득, 고요한 풍경 끝자락, 강가에 걸린 물체에 시선이 닿았다. 꽤 커다란 흰색의 물체는 반쯤은 강물에 반쯤은 강가에 걸려 있었는데 그 주위로 개와 까마귀가 모여들고 있었다. 이상한 생각이 들어 흑설탕에게 '저게 뭘까?'라고 손짓을 했는데 그것을 바라보던 흑설탕과 다시 눈이 마주치는 순간 둘 다 같은 생각을 하고 있다는 것을 깨달았다. 그것은 흰 천으로 둘둘 말린 다 타지 않은 시체였다. 보트 투어를 마치

고 걸으면서 아까 그 물체가 궁금해서 좀 더 가까이 가 보았다. 형체가 그대로여서 마치 미라처럼 보이는 그것은 몸통과 한쪽 다리가 그대로 남아있는 상태였다. 게다가, 우리가 도착했을 때쯤에는 주변을 배회하던 개와 까마귀가 달려들어 흰 천이 마구 풀어헤쳐 지고 있었다. 차마 더 이상 가까이 가지는 못했다.

나중에 들어보니 파이어 가트 말고도 반대편 아씨 가트 쪽에 가난한 사람들의 화장터가 있다고 한다. 나무 살 돈이 부족하면 미처 다 타지도 않은 시체를 강에 버리는 일이 종종 있다고 했다. 바라나시에서 화장되어 갠지스 강가에 버려지는 것을 가장 큰 행복으로 여긴다는데 제대로 타지 않은 시체를 강가에 던져야 하는 가족들의 마음은 어땠을까. 그리고 미처 다 타지 못한 육신으로 떠도는 그 마음은 어떨까. '가슴 아픈 사연은 뒤로하고 아름다운 추억과 함께 더 좋은 곳으로 가기를…' 절로 그들을 위한 기도가 나왔다.

고난의 본토 요가

가트를 돌아다니다 보면 벽에 손으로 그려 넣은 듯한 광고지들을 볼 수 있는데 그중 요가 학원 광고가 눈에 띄었다. 인도는 요가의 본고장 아닌가. 한국에서 배우긴 했지만, 로봇 만큼이나 뻣뻣한 관절 탓에 생각한 대로 잘되지 않았었다. 본토인 인도에서는 어떻게 가르치는지 궁금해서 망설이는 흑설탕을 꼬셔 교습을 받아보기로 했다. 마침 숙소에 문의하니 오래되고 괜찮은 선생님이 있다면서 한 요가 센터를 가르쳐 줬다.

다이어트가 주목적인 한국과는 달리 도인 같은 사람들이 수양하고 있을 것이라는 기대를 하면서 골목골목을 돌아 힘들게 요가 학원을 찾아갔다. 간판을 보고 안으로 들어서자 서너 살쯤 되어 보이는 아기와 놀아주던 남자가 누구냐고 묻지도 않고 위층으로 올라가라고 손짓했다. 가파른 계단을 돌아 올라간 3층에는 작은 키에 다부진 몸매를 가진 여자가 혼자 청소를 하고 있었다. 교습을 받고 싶다고 하자 지금 당장도 가능하다고 하는데 인도 현지 사람들과 함께하고 싶어서 단체 교습을 예약하고 서너 시간 후 시간 맞춰 오기로 했다. 다시 찾아갔으나 역시 학원을 찾은 사람은 우리 둘뿐이었다. 선생은 괜찮다고 하며 단체 교습 비용으로 둘을 가르쳐 주겠단다. 기뻐해야겠지만 왠지 부담스러웠다.

방명록에 이름을 적고 2시간의 요가 교습을 시작하니 분위기는 사뭇 엄숙하였다. 동작은 다행히 한국에서 배운 것들과 크게 다르지 않았으나 선생님을 제대로 따라 하기는 쉽지는 않았다. 한낮의 더운 시각인 데다가 요가 센터 내에 냉방이 안 되어(에어컨 소리가 나기는 하였으나 찬 바람은 전혀 나오지 않았다) 다한증이 있는 흑설탕은 지나치게 땀을 흘리고 있었다. 가만히 있어도 육수가 줄줄 흐르는 흑설탕이 요가를 하면서 더 격하게 땀을 흘리자 걱정이 된 선생님은 소리만 나고 찬 바람은 전혀 나오지 않는 에어컨을 몇 번이나 만지작거리며 미안해했다. 게다가 나는 또 어떤가? 원래도 유연성에 장애가 있는 데다가 라오스에서 스쿠터를 타다 다친 오른쪽 허벅지 때문에 기본적인 동작조차도 제대로 해내지 못하고 있었다. 애를 쓰자니 통증을 동반한 신음만 연신 나고 동작은 더 처절해졌나. 그렇지 않아도 어색한 세 명의 분위기가 울부짖는 에어컨을 사이에 두고 더욱 엄숙해지고 있었다. 찌는 듯한 더위 속에서 걱정스러운 눈으로 관찰하는 선생님의 지도아래 2시간 동안 하타 요가를 배웠다.

요가를 마치자 선생님은 짜이를 대접해주었다. 더워 죽겠는데 뜨거운 짜이라니. 이열치열의 극치였다. 그래도 고행의 시간을 함께한 덕분에 어느 정도 친숙해진 느낌이었다. 선생님은 요가를 꾸준히 하면 몸의 유연성뿐만 아니 주름관리도 가능하다며 지금은 잘 안되더라도 한국에 가서 꾸준히 하라고 독려를 해줬다. 자신은 5살부터 요가를 했으며 그 덕분에 건강을 유지하고 있다며 자부심을 나타냈다. 그러고 보니 아이 엄마 같은데 어려서부터 요가를 배워 그런지 피부가 참 좋다 싶었다. 바라나시를 떠나기 전 시간이 되면 또 한 번 들르겠다고 인사를 나누며 자리에서 일어났다. 문득, 내가 실례지만 나이가 어떻게 되시냐고 물어보니…, 선생님 왈. '방년 스무 살'이라고…. 우리는 만날 때보다 더 어색하게 헤어졌다.

인도 소녀 리카

7월의 바라나시는 전통축제 '아르띠뿌자' 기간이라 가트가 밤마다 들썩거렸다. 밤에는 잘 안 돌아다니는 우리도 그 흥겨움과 소란스러움에 저녁을 먹고 구경하러 나섰다. 사람이고, 소고, 개고 모두 다 가트에 나와 있는 듯했다. 축제를 구경하는 사람과 먹거리와 온갖 기념품을 파는 사람들이 섞여서 흥겨웠다. 한쪽 구석에 자리를 잡고 앉아 구경하는 사이 작은 소녀가 부채를 들고 왔다. 무더운 밤거리 많은 인파들 가운데 절절 땀 흘리는 흑설탕이 타깃으로 보였나 보다.

"부채 사세요. 한 개에 ○○에요~"

제법 비싸게도 부른다.

"와, 너무 비싸다. 깎아 주면 안 될까?"

관심 있어 하자 아주 똘똘하게 이야기한다.

"제 부채는요, 다른 것과 달라요. 아주 크고 시원하다고요."라며 남편 얼굴에 힘차게 부채를 부쳐준다.

그 당돌함이 귀여워서 조금 비싼 것 같지만, 부채를 사줬다. 소녀는 아에 옆에 자리 잡고 앉았다.

"아줌마 어디서 왔어요?"

"응. 한국에서."

"이름이 뭐예요?"

"응. 내 이름 좀 어려워. 그냥 young이라고 불러."

당돌한 요 녀석이 너무 귀여워 나도 질문을 해 본다.

"넌 이름이 뭐야?"

"리카요."

내가 이름을 제대로 못 들어서 재차 물으니 어깨를 으쓱하면서 한숨을 푹~ "노 프로블럼." 하면서 천천히 자기 이름을 다시 말해주었다.

인도 사람들 말 한마디마다 붙이는 그놈의 '노 프로블럼'. 인도 사람들이 '노 프로블럼'이라고 할 때는 오히려 한 번 더 확인하고 따져야 할 때가 많았기에 별로 달가운 단어가 아니다.

"몇 살이니?"

"10살이요."

자주 질문받은 탓인지 영혼도 없고 망설임도 없이 답이 나왔다. 리카가 갑자기 제안했다.

"Young, 우리 친구 할래요?"

뭐? 어안이 벙벙해졌다.

"너 내가 몇 살인지 알아?"

돌아오는 리카의 대답이 걸작이다.

"노~ 프로블럼."

열 살 소녀에게 친구 하자는 소리를 들은 게 웃기지만, 한편으로는 소녀랑 친구가 되는 게 뭐 이상할까. 그냥 씩 웃었다. 이후로 리카는 본색을 드러내기 시작했다.

"Young! 우리는 친구니까 옷 하나만 사주세요."

"응? 우리도 가난한 여행자라 돈이 없는데…."

귀여운 이 친구의 목적은 이것이었다. 반응이 시큰둥하자,

"Young! 그럼 우리는 친구니까 모자 하나만 사주세요."

리카의 '사주세요' 공격 목표는 점점 작아졌다. 뻔한 요구가 어이없으면서도 너무 귀여워서 연신 웃음이 났다. 우리가 재미없어진 리카는 금방 다른 외국인에게 달려갔다. 그날 밤, 리카는 몇 명의 외국인과 친구가 되었을까. 그리고 어설프면서 귀여운 '사주세요' 공격은 과연 성공했을지.

기도하는 마음으로

뜻밖의 기네스 도전

네팔로 넘어가기 위해서 아침 8시 반쯤 인도 국경지대 고락뿌르에 도착했다. 인도에서의 두 번째 야간 기차 여행이었지만 인터넷을 통해 섭렵해둔 온갖 범죄 시나리오를 사전 방지하기 위한 긴장감에 너무 피곤했다. 평소 몸만 가볍게 나설 때는 덜하지만 짐을 모두 챙겨서 이동할 때는 내 몸보다 내 짐을 지키기 위해서 더 분주했다. 카메라도, 노트북도 그저 짐스럽기만 했다. 오히려 짜이(인도 차)도 나눠주고, 과일도 나눠주는 등 다정한 사람들을 많이 만났는데도 안전이 담보되지 않는 상태는 사람을 지치게 했다. 게다가 오늘의 고행은 끝이 아니라 이제 시작이었다.

기차에서 내리자마자 네팔과의 접경지대인 소나울리를 향하는 차편을 알아보았다. 서양 배낭 여행자 두 명과 함께 호객꾼을 따라 지프차를 타고 가기로 했다. 덤덤한 얼굴의 호객꾼이 지프차를 타라고 해서 문을 열고 보니 안에는 이미 네 명의 현지인이 앉아 있었다. 뭔가 착오가 있나 싶어서 머뭇거리는데 아무렇지도 않게 들어가서 앉으란다. '아, 그래. 이 정도쯤이야. 끼어 앉으면 어떨까' 싶어 자리를 잡았다. 운전석 옆 조수석에 두 명이 앉고 뒷칸에 세 명, 짐칸에 세 명이 앉았다. 나와 흑설탕은 뒷칸에 자리를 잡았다. 짐까지 있어 좁았지만 갈 길만 가면 되지 싶었다.

그런데, 운전기사는 떠날 생각을 하지 않고 계속해서 홍정을 하고 있는 것이었다. 잠시 어수선한 분위기에 방심한 사이 다섯 명이 더 들어와 한 명은 조수석에 앉고(그 바람에 한 명이 무릎에 낯선 사람을 앉히고), 외국인 두 명이 우리가 앉은 가운데 칸에 끼어 앉고(그 바람에 나는 흑설탕의 무릎으로 올라앉고), 짐칸에 또 두 명이 끼어 앉았다. 너무 좁아서 사람 한 명이 들어올 때마다 심호흡을 해야 했다.

그제야 출발하기 위해 운전사가 시동을 걸었고 결국 차 안에는 총 14명이 탔다(운전석과 조수석에 4명, 뒤 칸에 5명, 짐칸에 5명). 남자 세 명이 조수석에 앉는 바람에 엉덩이가 기어를 깔고 있어 출발하려고 수동기어를 넣는 것조차 쉽지 않았다. 차 안의 무게에 짓눌린 듯 오래된 차의 엔진 소리는 구슬펐고, 차가 출발하고 난 이후에도 운전자 옆에 앉은 그 남자는 기어를 바꿀 때마다 엉덩이를 들어야 했다. 그래도 '이제야 출발하는구나.' 하고 안도하고 있는데 갑자기 운전석으로 다가온 현지인이 돈을 내밀었고 기사가 오케이를 하는 것이었다. 현지인들은 별말이 없는데 여행객들 입에서는 '헉' 소리가 절로 나왔다. 설마 여기다 더 앉히는 건 아니겠지? 설마 그러지는 않았다. 다만 차 뒤에 매달렸을 뿐. 흑설탕이 짜증을 내며 중얼거렸다.

"이건 뭐 기네스 도전도 아니고."

하지만 출발하고 얼마 되지 않아 우리 차는 그나마 나은 편이라는 것을 알았다. 마주 오는 차에는 지붕 위에도 사람이 대여섯 명씩 올라앉았던 것이었다. 내가 그 사람들을 가리키자 흑설탕이 한숨을 쉬며 말했다.

"우리가 졌네. 졌어."

외국인으로 보이는 우리에게 손도 흔들어 주며 그들은 여유로웠다. 날은 찌는 듯이 더운데 그 작은 차에 총 14명이 타고 2명이 매달린 상태로 비포장도로를 세 시간이나 달린다는 것은 생각보다 쉽지 않았다. 옆 사람과 나 사이에는 한치의 공간도 없었고 에어컨은 나오지 않았으며, 비포장도로를 달리는 차의 울렁거림은 최고였다. 현지인들은 중간에 계속 내리고 탔지만(주로 조수석과 짐칸의 인원들) 그 상태로 꼬박 달려야 했던 배낭여행자들은 고역이었다. 그야말로 견뎌야 했던 세 시간이 지나 드디어 네팔로 넘어가는 국경지대 소나울리에 도착했다. 차에서 내리는 사람들은 모두 땀과 흙먼지 범벅이었고 나를 무릎 위에 앉힌 흑설탕은 다리가 저려 제대로 서지도 못했다.

그러나 갈 길은 아직이었다. 국경을 넘어 카투만두까지 버스를 타고 서너 시간을 더 달려서야 목적지인 타멜 거리에 내릴 수 있었다. 인도에서 네팔까지 꼬박 24시간의 고행은 아시아에서 가장 힘든 이동 구간이었다.

오늘 속거나 내일 속거나

매일 오가는 거리인데도 늘 새로웠다. 타멜 거리는 히말라야가 있는 나라답게 노스페이스나 K2 등의 아웃도어 상품을 파는 가게들이 많았는데 이것저것 구경하다 보면 시간이 잘 갔다. 골목을 누비며 정처 없이 걷다 보면 어느새 다른 길로 이어졌다. 오늘도 걷다 보니 더르바르 광장까지 흘러왔다. 네팔의 살아있는 여신이라는 쿠마리 데비를 모신 사원이 있고 역사적으로 중요한 유적들이 모인 광장인데 분위기는 시장이랑 크게 다를 것이 없었다. 역사적 가치가 있는 건축물과 조형물에 올라 낮잠도 자고 좌판을 벌이며 물건도 팔고 있었다. 이래도 되나 싶다가 우리도 곧 현지인들처럼 계단 꼭대기에 올라 사원을 구경했다.

물건을 늘여놓고 파는 노점상들과 흥정하는 사람들을 구경하는 것은 항상 재미있었다. 타멜 거리서부터 내내 시장 구경을 하며 왔는데 위에서 내려다보니 다른 느낌이었다. 사원 안에는 빨간 옷을 입은 승려들이 몇 있었다. 관광객들이 보일 때마다 달려가 이마에 빨간색으로 된 물감을 찍고 돈을 달라고 했다. 티카를 찍는 것 자체가 축복을 비는 행위라고는 하던데 자발적으로 축복을 받겠다고는 했지만, 기부는 강제로 받아 냈다. 또 사람들이 같이 사진을 찍자고 하면 손을 내밀며 돈부터 달라고 했다. 일부러 승려복을 입은 건지 진짜 승려인지 헛갈렸다. 짧은 시간 동안 꽤 많은 돈이 그들의 주머니로 들어갔다.

"와, 진짜 사람들이 저런 어리바리한 수법에 속기도 하는구나."라며 흑설탕이 어이없어했다. 그러나 그들의 사업이 번창하는 것을 구경하는 것은 생각보다 재미있어서 해가 어둑어둑 해가 질 때까지 광장을 굽어보며 앉아 있었다.

종일 너무 많이 걸은 데다가 광장에서 숙소까지 얼마나 걸리는지도 몰라 사이클 릭샤를 타고 숙소로 돌아가기로 했다. 릭샤가 많을 법한 대로변으로 나와 두리번거리는데 한 소년이 끄는 사이클 릭샤가 잽싸게 다가왔다. 너무 어려 탈까 말까 망설였지만 타주는 것이 돕는 길이라는 생각이 들었다. 마르고, 작은 체구의 소년이라 성인 두 명의 무게는 만만치 않았다. 힘차게 페달을 밟았지만, 속도는 그다지 나지 않는 데다가 곳곳에서 튀어나오는 사람들로 수시로 브레이크가 걸렸다. 초짜인지 운전이 영 어설펐다. 급기야는 저녁 퇴근길 수많은 자전거와 사람들에 끼어 앞으로 나가는 것도 쉽지 않았다. 힘들어하는 게 역력한 소년의 뒷모습에 마음이 편치 않아서 주변의 풍경이 눈에 안 들어왔다. 타멜 거리에 거의 다 온 것 같긴 한데 해는 지고 속도는 안 나고 결국 내려서 걷기로 했다. 도착도 안 했는데 내리겠다고 하니 왜 그러냐고 묻고는 있지만, 소년의 입가에 미소가 번졌다. 약속한 돈을 주니 자전거를 돌리면서 출발하는데 그 뒷모습이 좀 전과는 달리 어찌나 기운차던지. 게다가 사람들 사이를 요리조리 재치 있게 빠져나가는 모습을 보니 속았구나 싶었다. 그 아이의 뒷모습에 빨간 의상을 입은 승려의 모습이 겹쳐 보였다. 누가 저런 거에 속을까 싶더니만 남 이야기가 아니었다.

여행자의 기도

스와얌부나트 입구에 도착하니 많은 관광객들과 물건을 파는 사람들로 입구가 붐볐다. 사원까지 올라가는 계단이 가파르고 힘들다고 해서 각오하고 오를 채비를 하는데 매력적인 남미 여자가 눈에 들어왔다. 나를 보며 웃고 있는 그녀와 마주 선 순간 인도 바라나시의 알까 호텔에서 만났던 게 퍼뜩 떠올랐다. 혼자 여행하던 아르헨티나 여자였는데 둘 다 영어가 신통치 않았지만 재미있게 이야기를 나눴었다. 우리는 오랜만에 만난 친구처럼 반갑게 안부를 나누었다. 타멜 거리 어디쯤 머물고 있다고 하는데 전화번호를 물어볼까, 저녁을 먹자고 할까 하다가 용기가 나지 않아 아쉬운 인사를 나누며 헤어졌다. 또 한 번의 망설임으로 남미 친구를 만들 기회를 잃어버렸다. 우연히 또 만날지 모르는 일이라고 기대하긴 했으나 역시 한번 지나간 기회는 다시 오지 않았다.

365개의 계단을 숨을 헐떡거리며 올라가자 커다란 탑에 그려진 부처의 눈이 장난스럽게 찡긋거리면서 반겨 주었다. 아무리 봐도 부처의 눈은 개구쟁이 어린아이의 얼굴 같다는 생각이 들었다. 하긴, 어린아이의 순수한 마음이 곧 예수의 마음이고, 부처의 마음이니까.

높은 곳에 있는 사원답게 카투만두 시내가 한눈에 들어왔다. 전망대에 앉아서 풍경을 굽어보며 땀을 식혔다. 몽키템플이라는 별명답게 경치 좋은 명당에는 그윽한 표정의 원숭이들이 앉아 풍경을 목도하거나 낮잠을 자고 있었다. 녀석들은 사람을 무서워하지 않았다. 생각지도 못한 장소에서 마주친 원숭이를 보고 놀라는 건 사람들이었으니 확실히 녀석들이 사원의 주인이었다. 주인인 원숭이뿐만 아니라 손님들도 각자의 방식으로 사원을 즐기고 있었다. 부처상 앞에서 초에 불을 붙이며 기도를 하는 사람도 있었고 불교 경전을 새겨 놓았다는 마니차를 달그락거리면서 소원을 비는 사람도 있었다. 내가 사원 안의 골동품 가게에 정신이 팔린 동안 흑설탕은 불상이 서 있는 호수 앞에서 동전 던지기에 열광했다.

내려가기 전에 우리도 소원을 빌기로 했다. 현지인처럼 마니차를 차례차례 손으로 조용히 돌리면서 여행을 무사히 즐겁게 끝낼 수 있기를 기도했다. 그리고 나는 소중한 인연들 앞에 용기 내어 친구가 될 수 있기를 기도했다. 불교 사원, 힌두교 사원, 무슬림 사원, 성당, 교회, 이름 모를 토속 신앙의 근원지에서 기도했으니 그 많은 신 중 어느 하나는 기도를 들어주겠지. 언젠가는 나이, 직업, 국가 등 배경에 상관없이 말이 통하는 친구를 만들 수 있게 되리라. 그때는 몰랐지만, 곧 기도는 이루어졌다.

힘들수록 아름다운

저질 체력과 후회

새벽같이 일어나 호텔에서 가이드를 만났다. 네팔은 중국 바로 아래 있지만, 사람들의 얼굴은 입체적인 인도에 더 가까운 편인데, 함께 할 가이드 '우다야'는 일반적인 네팔 사람들보다 유난히 작은 얼굴에 움푹 들어간 크고 둥근 눈과 긴 속눈썹을 가지고 있어서 흡사 직립보행하는 낙타 같았다. 며칠간 함께 할 가이드이니 제발 괜찮은 사람이기를 기대하며 인사를 나누는데 활짝 웃는 미소가 나쁘지 않아 다행이다 싶었다.

대기하고 있던 택시를 타고 산행 지점으로 출발했다. 마을을 벗어나서 산 입구로 향한다 싶더니 산허리를 따라 구불구불 돌고 돈다. 이러다가 산꼭대기까지 가겠다 싶게 지나치게 높이 올라가는데 새벽 안개가 자욱한 히말라야의 절벽 사이로 포카라의 페와 호수와 마을이 점점 작아지고 있었다. 트레킹의 시작점인 '나야풀'에 도착하니 이미 산행을 시작하려고 모인 각국의 사람들이 꽤 많이 있었고, 트레킹용 각종 장비로 중무장한 모습들이 가벼운 마음으로 따라나선 우리들을 다소 위축되게 하였다.

생각보다 히말라야의 산행은 소박했다. 곳곳에 마을이 있어서 히말라얀들의 사는 모습을 엿볼 수 있었다. 트레킹을 하러 온 사람들에게 간식이며, 물을 파는 가게도 있고, 일궈놓은 밭들 사이로 부지런히 일하는 사람들과 닭과 오리들을 먹여 기르는 사람들까지 평범한 시골에서 볼 수 있는 모습들이 펼쳐져 있었다. 동네를 끼고 흐르는 냇물도 건너고, 밭고랑을 따라 걷기도 하고, 판자로 지은 허름한 집들 사이를 걷기도 했다. 이른 아침인데도 골목 어귀에서 노는 아이들을 볼 수 있었는데, 서로 사진을 찍어달라며 앞다투어 귀여운 포즈를 취했다. 까무잡잡하고 건강한 얼굴에 빨간 볼이 어찌나 생기 있어 보이는지! 순수함에 절로 웃음이 나왔다.

그러나 이런 즐거움은 오래 가지 않았다. 마을을 지나고 또 다른 마을을 지날 때마다 길은 점점 가팔라졌다. 새벽에 출발할 때는 날이 싸늘하더니 해가 나면서부터는 날이 점점 더워지고 있었다. 게다가 점심 때쯤엔 고산병 증세로 손가락까지 퉁퉁 부어올랐다. 사실 우리의 체력은 정상이 아니긴 했다. 여행을 떠난 직후 낯선 환경에 긴장한 탓인지 둘 다 몹시 앓았고, 인도의 무더위와 힘든 이동 와중에서도 잘 먹지 못해서 둘 다 심각하게 살이 빠지고 있었다. 또한 초보 코스라고는 하나 평소 운동이 부족했던 탓에 가파른 오르막길은 남편과 나에게는 만만치 않은 여정이었다.

그런데 저질 체력이 민망스럽게 책가방을 메고 신나게 뛰어 학교에 가는 어린아이도 있고, 치마를 입고 멋을 부린 아가씨도 내려왔다. 심지어 큰 짐을 이고 재빠르게 산을 올라가는 연세가 많은 어르신까지! 트래킹화와 등산복을 입은 모습이 부끄러워지는 순간이었다. 시간이 지날수록

얼굴에서는 웃음이 가시고 카메라 셔터를 누르는 것도 귀찮아 지면서 걷는 시간보다 휴식시간이 길어지기 시작했다. 시간이 지나치게 지체되자 가이드 우다야는 명랑하게 말도 붙여오고 거의 다 왔다는 거짓말도 해가면서 목적지까지 열심히 이끌어 주었다.

해 지기 전 가까스로 목적했던 울래리의 한 산장으로 입성했다. 이미 해가 지고 산장의 불빛 이외에는 한 치 앞도 보이지 않았다. 창밖에 무시무시하게 칼바람이 불고 있어 산장 안이 아늑하게 느껴졌다. 우다야와 산장지기 부부와 저녁을 먹으면서 연신 하품이 나왔다. 일 년 치 체력을 끌어 쓴 거 같았다. 밥을 먹고 방으로 들어가 침낭 안으로 기어들어가니 너무 피곤해서 괜히 왔다는 후회를 할 새도 없이 바로 기절했다.

힘든 만큼 아름다운!

잠에서 깨어 침낭을 빠져나오니 살을 에는 듯한 추위에 따뜻한 침대가 절로 그리워졌다. 오늘은 짧은 구간이라는 우다야의 위로에 기운을

내며 길을 재촉했다.

이제 어느 정도 올라왔으니 산골 마을을 보기는 힘들지 않을까 생각했는데, 끊임없이 마을 길을 지났다. 이렇게 높은 곳에서도 동물을 키우고 밭을 가꾼다는 게 신기했다. 그보다 논과 밭은 푸르른데 어느 곳에서나 설산이 보인다는 것이 비현실적이었다. 얼마나 높으면 여름인데도 설산의 눈들은 녹지 않는 것일까. 카메라 셔터를 누를 때마다 보이는 푸른 잎과 설산의 조화는 마치 합성을 해 놓은 것처럼 이질적이었다.

어제 저녁을 먹으면서 서로의 영어발음에 적응하고 밤늦게까지 네팔과 한국에 대해 많은 대화를 재미있게 나누고 나니 우다야는 한결 더 친밀하고 명랑해졌다. 아니, 생각보다 엄청난 수다쟁이였다. 산이 아름다울수록 힘들기는 비례하는 데다가 고산지대라 숨 쉬는 게 쉽지 않은데 쉴 새 없이 말을 걸었다. 말을 잘 알아듣지 못하는 나보다 흑설탕에게 질문이 집중되어 나중에 나는 그냥 들은 체도 하지도 않았다. 해가 뜨고 뜨거워지니 걷는 것만으로도 벅찬데 대화까지 받아주는 흑설탕도 점점 지쳐가고 있었다. 다행히 우다야 말대로 짧은 구간이어서 해가 지기 전에 오늘 밤에 머물 고래빠니의 산장에 도착했다.

어제보다 훨씬 큰 산장이었지만 7~8월이면 비수기라 산장에는 우리 일행뿐이었다. 단체 관광객을 위한 큰 식당에 손님 셋을 위해 불을 피우기는 부담스러웠던지 부엌에서 저녁을 먹는 게 어떻겠냐고 했다. 히말라야의 부엌이 궁금했던 차라 흔쾌히 좋다고 했다. 덕분에 산장의 아늑한 부뚜막 불가에서 자리 잡고 오붓하게 저녁 시간을 보낼 수 있었다. 닭고기 볶음밥과 닭고기 수프를 시켜놓고 기다리는데 한국의 시골부엌과 별다를 것 없는 소박한 산장의 모습이 더욱 시장기를 자극했다. 그런데 주인아줌마가 30분이 넘게 밖에 나가서 들어오지를 않고 음식을 만들 기미가 보이지 않는 것이었다. 우다야와 담소를 나눠가며 성질 급한 한국 사람 티를 안 내려고 애를 쓰고 있는데 산장에 들어올 때 마당에 뛰놀던 닭 두 마리가 생각났다. 흑설탕이 우스갯소리로 "닭을 잡아 오나 왜 이렇게 오래 걸려…." 했는데, 우다야가 당연하다는 듯이 "응. 지금 마당에서 닭 잡고 있는데?"라고 하는 것이었다. 1시간을 넘게 기다려서 겨우 나온 음식은 닭에게는 미안하지만, 너무 맛있었다. 맥주 한잔을 하며 부뚜막에 앉아 있으니 나른한 취기에 포만감에 몰려왔다. 따뜻한 구들장에서의 수다에 히말라야가 아니라 시골 할머니 댁에 온 듯 편안했다. 히말라야를 오르기로 한 결정에 대한 후회가 뿌듯함으로 바뀌었다.

다음날 우다야의 깨우는 소리에 새벽같이 일어나 대략 옷을 주워 입고 해 뜨는 것을 보기 위해 푼힐 전망대에 올랐다. 이틀간 힘들게 산을 올랐던 탓에 다리가 너무 뻐근해서 전망대의 가파른 길을 오르는 게 쉽지 않았다. 그러나 히말라야에서 해 뜨는 것을 보는 게 처음이자 마지막 기회일 터, 미친 듯이 우다야를 따라갔다. 어제 고래빠니의 산장에서

몸을 누인 사람들 모두 푼힐의 아름다운 일출을 보려고 전망대로 모여들고 있었다. 해가 떠오르고 난 이후 불그스름한 설산의 모습은 그야말로 장관이었고 각국에서 모인 사람들 모두 환성을 지르며 그 모습을 바라보고 있었다. 그리 높이 오른 것도 아닌데 이렇게 아름다운 광경을 볼 수 있다는 게 신기하면서도 감격스러워서 연신 카메라를 눌러대며 눈앞의 풍경을 고스란히 담으려고 애를 썼다. 여기까지 올라오는 힘든 여정을 충분히 보상받고도 남았다.

거머리 전투

푼힐 전망대에서 다시 산장으로 내려와 아침을 먹고 서둘러 내려갈 채비를 하는데 우다야의 얼굴이 심각해졌다. 비가 올지도 모르니 서두르는 게 좋겠다는 것이었다. 비가 내리면 시야가 좋지 않아서 시간이 지체되기도 하지만 거머리가 많아져서 힘들다고 했다. 명랑하던 그의 얼굴이 심각해지니 마음이 급해졌다. 출발한 지 얼마 지나지 않아 물안개를 형성하던 구름이 곧 비로 퍼붓기 시작했다. 올라오던 길과 달리 내려가는 길은 밀림과 같이 나무가 우거진 숲이었는데 비가 오니 푸르른 숲이 음침하게 변하고 소문으로만 듣던 히말라야 거머리들의 처절한 공격이 시작되었다.

갈색의 가느다란 실이나 나뭇조각처럼 보이는 그것들은 피를 빨면 몸이 통통해지면서 사이즈가 급격하게 커졌다. 서둘러 내려가던 길가에서 거머리가 눈에 들어가 괴로워하는 소를 보았다. 소의 흰자는 거머리로 인해 빨갛게 충열되어 있었다. 너무 불쌍했지만 잠시라도 지체하면 우리도 저렇게 될 터였다. 거머리들은 처음엔 축축한 땅 위에서 신발 위로 올라와 안으로 파고들더니 비가 많이 오기 시작하니 나무에서 활강하여 모자 속으로 파고드는 등 수법이 다양했다. 우다야가 알려준 대로 신발 안에 소금을 넣기도 하고, 긴 바지로 최대한 맨살을 가리려고 애를 썼지만, 거머리들은 두꺼운 양말 안까지 파고들어서 피를 빨았다. 거머리를 떼려고 잠시라도 멈춰 서면 사방에서 거머리들이 몰려왔다. 한 사람이 지체하면 일행까지 공격을 받게 되니 쉴 수가 없었다. 결국, 주변 경치를 살필 겨를도 없이 몇 시간 동안을 미친 듯이 산에서 내려올 수밖에 없었다.

드디어 밀림을 어느 정도 벗어나서 마을로 들어설 즈음 아까부터 얼굴이 따끔따끔 한 게 신경이 쓰여 "내 얼굴에 뭐 있어?"라고 흑설탕에게 물었는데 무심히 돌아본 흑설탕이 낯빛이 변하며 잽싸게 얼굴에서 거머리를 낚아챘다. 머리카락에 붙었던 거머리가 얼굴로 이동하려는 찰나였다. 귀나 눈으로 들어왔으면 어땠을까 하는 상상에 소름이 돋았다.

거머리와의 전쟁 끝에 겨우 히말라야의 마지막 밤을 보낼 숙소로 들어왔다. 서둘러 입은 옷들을 벗어 던지고 먼저 샤워 후 한숨을 돌리고 있는데 갑자기 샤워장에서 비명이 들려왔다. 머리를 감던 흑설탕의 손에 무언가 걸리는 게 있어 끄집어내 보니 이미 다량의 피를 복용해서 통통해진 거머리였다고 한다. 거머리의 후유증이 얼마나 독했던지, 한동안 없어지지 않았던 팔·다리의 상처는 둘째치고, 산을 오르기만 하면 주변을 살피는 버릇이 생길 정도였다. 네팔 안나푸르나의 아름다운 풍경뿐만 아니라 거머리 전투라는 새로운 모험담이 추가되었다.

POON HILL
3210 M.
POONHILL
GHOREPANI
POON HILL PUBLIC
VISITORS PARK
AREA

02

낯선 땅에서 느낀 전율_ 아프리카

- 기간: 약 45일간
- 여행지: 남아프리카공화국, 나미비아, 보츠와나, 잠비아, 짐바브웨, 탄자니아, 케냐 등
- 이동: 노메드 트럭킹(외국 여행자와의 단체 트럭 이동) + 육로

내일은 없는 것처럼

생각지도 않은 도움의 손길

새로운 대륙으로 이동할 때마다 설렘과 두려움이 교차하지만, 아프리카는 유독 두려움이 컸던 나라였다. 막바지에 추가하는 바람에 공부할 새가 없었고, 인터넷에서 마지막으로 읽은 내용은 여행객을 상대로 한 범죄가 만연하다는 글이었다. 영화의 한 장면처럼 어둡고 음습한 거리의 뒷골목과 범죄 소굴이 상상이 되었다.

막상 남아프리카공화국 요하네스버스 오알 땀보 공항(Johannesburg OR Tambo Airport)에 도착해서 가졌던 느낌은 생각보다 밝고 깨끗하다는 것이었다. 화려하진 않았지만 현대적이고 세련되었다. 다음 해에 열리는 남아공 월드컵으로 많은 글로벌 브랜드들이 마케팅에 한창이었다. 코카콜라, 삼성, LG 등 익숙한 브랜드의 광고판이 반겨 주었다. 비행기에서 내릴 때의 긴장한 모습과는 달리 실없는 농담을 주고받을 만큼 여유가 생겨 공항 구경을 하며 수화물 수취대 쪽으로 발걸음을 옮겼다.

그런데 수화물 트랙 위로 우리의 끌낭(캐리어처럼 끌기도 하고 배낭처럼 메기도 하는 가방)이 나오는데 가까이 올수록 이상했다. 어디에 부딪혔는지 한쪽 면이 심하게 찌그러져 있는 것이었다. 찌그러진 면이 누르고 있어 가방을 끄는 손잡이도 나오지 않고 그 안쪽으로 배낭처럼 멜 수 있도록 내장

된 끈도 나오지 않았다. 결국 끌 수도 멜 수도 없는 상황이 되었다. 혼잡한 가운데 일단 나가는 게 좋을 것 같아 큰 가방을 질질 밀면서 출국장을 빠져나왔다. 공항 구석에서 가방을 열었다 닫았다 하며 갖은 애를 썼지만 쉽지 않았다. 중국에서 가방을 잃어버렸던 사건이 생각나면서 새로운 대륙으로 이동만 하면 문제가 생기는 것 같아 속상했다. 게다가 케이프타운으로 이동해야 할 비행기 출발 시각이 다가오고 있어 불안했다.

그런데 옆에서 수다를 떨면서 앉아 있던 공항직원으로 보이는 서너 명의 흑인들이 “왜 무슨 일 있어? 가방이 왜 이래? 좀 도와줄까?”라며 말을 걸어왔다. 흑설탕이 얼결에 “손잡이가 나와야 하는데 안 나오네.” 하자, 가방을 건네 들고는 자기들끼리 “네가 여기 잡아봐. 내가 당길게.” 하면서 애를 썼다. 다행히 장정 네 명이 힘을 쓰니 꿈쩍도 하지 않던 손잡이가 밖으로 나왔고 배낭끈까지 뺄 수 있었다. 고마워서 음료수를 사다 주었더니 환하게 웃으며 “잘 마실게.” 하고 엄지를 척 들어 보였다.

찌그러지긴 했지만, 다시 사용할 수 있게 된 끌낭을 끌면서 국내선 출국장으로 향했다. 아프리카도 사람 사는 곳인데 나쁜 사람이 있으면 좋은 사람도 있을 터. 글만 보고 괜히 걱정했던 건 아닌가 싶었다. 언젠가 『론리 플래닛』의 저자가 쓴 책에서 본 글귀가 떠올랐다. 두려움의 대부분은 오해에서 비롯된 것들이라고.

물론 치안이 안정되지 않는 도시는 밤늦은 시간이나 한적한 길은 피해서 다니는 게 최선이다. 하지만 때로 지나친 경계는 여행의 재미를 반감시키기도 했다. 적당한 긴장감을 유지하는 것, 여행하면서 가장 어려운 숙제였다.

게스트하우스에 온 불나방들

테이블 마운틴 아래 위치한 아산티 게스트하우스에 도착했다. 산 이름이 재미있다 했는데 도착해보니 꼭 테이블처럼 납작했다. 풍경도 좋고 고급스러운 주택가 지역이라 여유롭고 쾌적했다. 하지만 여행자들이 선호할만한 곳이라 사람이 차고 넘쳐 나는 여성 도미토리에, 흑설탕은 혼성 도미토리에 따로 묵게 되었다.

키를 받아 들고 각자의 방으로 안내를 받고 보니 지금까지 흑설탕과 떨어져 있어 본 적이 없다는 사실을 깨달았다. 흑설탕의 과보호에 다투곤 했었는데 아빠 잃은 아이마냥 소심한 기분이 들었다. 한편으로 방문을 열면서 사람들에게 '하이'라고 할까, '잠보'(아프리카말로 안녕)라고 할까 고민됐다. 생각해보니 처음 만나는 사람과의 인사도 언제나 흑설탕의 몫이었다. '삐리릭' 하고 문이 열리자 보이는 것은 허물을 벗고 몸만 빠져나간 텅 빈 침대뿐. 인사를 나눌 사람은 없었다. 허탈하기도 하고 안심이 되기도 했다.

짐을 대략 정리하고 별관 건물 쪽 흑설탕의 혼성 도미토리로 찾아가니 흑설탕도 독립을 위해 애쓰고 있었다. 온갖 물건들이 바닥에 내동댕이 처져 있고, 입었던 옷들이며, 속옷이 여기저기 걸려 있어 방안은 폭탄을 맞은 듯했다. 흑설탕의 침대에도 남의 짐이 올려져 있어서 어디에 내려놓아야 할지 난감했다. 결국, 한쪽으로 쓱 밀어 넣고 가방만을 올려놓을 수밖에 없었다.

나중에 알고 보니 유럽의 방학마다 십 대들이 아프리카로 여행을 오는 모양이었다. 그녀들은 매일 밤 꽃단장을 하고 나가 케이프타운의 밤문화를 마음껏 즐기고는 새벽녘에서야 들어와 씻을 기력도 없이 뻗어 늦잠을 잤다. 비가 와서 외출을 못 하는 날은 건물 옥상 펍에서 밤새도록 춤을 추며 불나방처럼 젊음을 불살랐다. 방 멤버가 몇 번이나 바뀌는 동안 아침에 일어나서 밤에 잠을 청하는 사람은 나 하나뿐인 듯했다. 흑설탕 도미토리의 불나방들도 쑥대밭을 만들어 가며 꽃단장을 하고, 밤에 나갔다 해가 뜰 때쯤 들어오는 건 마찬가지였다. 흑설탕 또한 누가 있든 아랑곳하지 않고 옷을 갈아입는 여자애들에게도 잘 적응하고 있었다.

우리가 회사를 그만두고 1년간의 쉼을 선택했듯이 잘 쉴 줄(잘 놀 줄) 아는 사람이 자신의 위치에서도 잘할 거라고 믿으며 그들의 정열적인 휴가를 마음속으로 응원했다. 놀자! 내일이 없는 것처럼!

소녀 같은 중년을 만나다

오픈 키친은 매일 밤 저녁을 해 먹기 위해 모인 각국 사람들로 전쟁터였다. 그 사이에서 겨우 빈 프라이팬을 찾아 소고기를 볶고 있으면 칼이 없어지고, 칼을 찾아서 채소를 썰고 있으면 접시가 없어졌다. 물가가 저렴한 아시아에서는 내내 사 먹었던 터라 오랜만에 하는 요리가 어수선했다.

정신없이 요리를 마치고 빈 테이블에 겨우 자리 잡고 저녁을 막 먹으려고 하는데 누군가 "안녕하세요? 한국 분들이신가 보네."라며 한국말로 인사를 했다. 밝은 표정의 중년의 아주머니였다. "같이 앉아도 돼요?"라고 친근하게 다가오셔서 자연스럽게 저녁을 함께 먹고 이야기를 나눴다. 마침 비빔밥 재료도 넉넉해서 주변 사람들과 나눠 먹을 생각이었는데 타이밍이 적절했다.

그녀는 초등학교 선생님으로 방학이라 봉사활동도 하고, 트럭킹 여행을 하기 위해서 아프리카를 방문했다고 한다. 은퇴 이후에는 다른 나라에서 살고 싶어 짬짬이 세계를 돌면서 살 곳을 찾고 있다고 했다. 중년의 나이에 혼자 여행도 대단한 일인데, 봉사활동과 트럭킹이라니 놀라웠다. 저녁을 다 먹고 나서는 선생님께서 내놓으신 민트향의 남아공 피노티지 와인을 마시며 수다가 무르익었다. 아직 미혼이라 남들보다 자유로운 것 같다고 겸손해하셨지만, 적극적으로 새로운 일에 도전하는 모

습이 인상적이었다.

갑자기 선생님이 외국 친구들한테 들려주려고 연습하셨다며 악보와 오카리나를 가지고 오셨다. 돌발 제안이 당황스러웠지만, 악보를 넘기는 표정이 즐거워 보였다. 시작된 연주는 음이 끊길 때면 어색한 웃음이 터지기도 하고, 호흡이 짧아서 숨을 고르느라 멈출 때도 있었지만, 특유의 맑고 청아한 음색이 아름다웠다. 한 곡이 끝나자 게스트하우스의 작은 마당을 수놓은 음악 소리에 반한 것은 우리만이 아니던지 저녁을 먹고 이야기를 나누던 주변 테이블에서 박수와 환호가 터져 나왔다. 그 환호에 일어서서 웃음과 인사로 화답하는 선생님의 모습이 소녀 같았다. 결국, 연주회는 성황리에 두 곡이나 더 이어졌다. 나이가 들수록 새로운 것에 도전하는 일이 쉽지는 않을 텐데 우리도 이렇게 평생 소년, 소녀이기를.

계획하지 않은 일의 즐거움

얼렁뚱땅 렌터카 여행

렌트한 차량을 인도받고 서둘러 짐을 실었다. 시동을 걸고 게스트하우스를 나서니 마냥 들뜨기만 했다. 유럽에서 차를 리스해서 캠핑할 예정이라 둘 다 국제운전면허를 만들어왔는데 아프리카에서부터 사용하게 될 줄은 생각도 못 했다. 첫날부터 반전에 반전을 거듭하고 있는 아프리카였다.

케이프타운 도심을 벗어나자 화려하고 웅장한 빌딩 숲이 사라지고 변두리 마을의 을씨년스러운 풍경이 펼쳐졌다. 판자를 얼기설기 이어 만든 집들은 녹록하지 않은 삶을 여실히 보여주었고, 인적 드문 도로에 들어서면 사람들의 눈빛에서 섬뜩한 느낌마저 들었다. 시시각각 변하는 풍경이 지역마다 빈부 격차가 큰 듯했다. 그러나 페닌슐라에 들어서니 곧 시골의 한적한 도로로 풍경이 바뀌고 평야가 나타나더니 푸르른 해안가가 펼쳐졌다. 해변으로 들어서면서부터는 아프리카의 가을 햇볕이 스며드는 아름다운 해변과 그사이에 자리 잡은 유럽풍의 고급스러운 주택들이 어우러진 멋스러운 풍경들이 나왔다. 여기가 진짜 아프리카인가 싶도록 눈부신 풍경들이 이어져 달리는 내내 감탄사를 연발했다. 한국과 좌우가 바뀐 도로 덕분에 조수석이 왼쪽인 게 어색했는데 곧 익숙해졌다.

목적지인 희망봉에 도착하기 전에 펭귄 서식지에 들렀다. 동물원 분위기일 줄 알았는데 바로 뒤편으로 주택들이 밀집해 있었다. 펭귄은 그다지 신기할 것이 없었지만, 해변과 펭귄과 사람이 어우러진 풍경이 자연스럽고 아름다웠다. 뒤뚱뒤뚱 그들의 노는 모습을 바라보다가 짧은 가을볕을 아쉬워하며 다음 행선지를 향해 달렸다.

해변도로를 즐기고 싶어 내비게이션이 추천해주는 최단거리를 무시하고 바닷가를 따라 달렸다. 아름다운 해안가 풍경을 그냥 지나치기는 힘들었다. 짬짬이 내려 해변을 거닐기도 하고, 카메라에 풍경을 담기도 했다. 해변 절경마다 멋진 집들이 많아 다음에 남아공에 들르면 꼭 페닌슐라에 숙소를 잡고 아름다운 풍경을 마음에 담아보리라 다짐하기도 했다.

곳곳마다 내려서 구경을 하다 보니 하루 일정이 자꾸 지연되어 5시가

조금 넘어서야 희망봉에 도착할 수 있었다. 그런데 이게 웬일인가. 희망봉으로 들어가는 국립공원 입구가 막혀있는 것이었다. 영문을 몰라서 입구에서 누군가가 나오기를 기다리는데 내려서 보니 푯말에 5시까지만 입장이 가능하다고 쓰여 있었다. 떠날 생각에만 들떠서 미처 입장 시간을 확인하지 못했던 것이었다. 결국, 5분 늦는 바람에 들어가 보지도 못하고 잠시 망연자실했다가 '다음에 꼭 다시 오자~' 하며 돌아설 수밖에 없었다.

그러나 석양이 지는 해안가 도로는 낮과는 또 다른 매력으로 끊임없이 붙잡았다. 되돌아가는 길목에서도 바닷가를 두 번이나 더 들러 산책하다가 결국 어둑어둑해져서야 숙소에 들어갈 수 있었다. 여행 내내 우리는 계속 이런 식이었지만 이런들 어떠하리. 어차피 놀자고 하는 짓인데.

비싸서 못한 번지점프

나이즈나 근처의 B&B에서 밤을 보내고 차를 돌려나오며 치치카마 해안국립공원으로 들어섰다. 남아공 해변 마을과는 또 다른 세계가 나타났다. 치치카마 해안국립공원은 인도양 해변을 따라 길게 이어져 있는데 울창한 숲길이 대부분이라 밀림 탐험을 하는 것 같았다. 무엇보다 이곳은 블로크란스 강의 교각에서 뛰어내리는 번지점프대로 유명했다. 거대한 협곡의 절경을 볼 수 있는 데다가 협곡 사이의 다리에서 뛰어 내리는 번지점프대의 높이가 세계에서 가장 높아 도전하러 오는 사람들이 많다고 했다.

"오빠 진짜 번지점프 할 거야?"

"그럼, 다시 오기 어려울 텐데 기회가 생겼을 때 한번 해봐야지." 하고 자신만만했다.

그래. 이왕 할 거면 세계에서 가장 높은 곳에서 하는 게 의미가 있을 것 같았다. 협곡도 구경하고 새로운 모험에 도전할 겸 블로크란스 강 교각으로 향했다.

번지점프하는 곳에 도착하니 사람들로 붐비고 있었다. 협곡과 다리를 구경하러 전망대 쪽으로 갔는데 끝이 보이지 않는 거대한 협곡의 규모가 대단했다. 높이가 216m라고 하던데 숫자로 나타나는 규모보다 이미지로 보는 길이와 넓이가 더 압권이었다. 협곡 사이를 가로지르는 교각도 컸으나 협곡이 워낙 거대해서 다리가 작고 아슬아슬하게 보였다. 다리 위로 달리는 자동차가 손톱만큼 작아 보였다. 다리를 놓는 일이 무척 힘든 작업이었을 거다.

번지점프는 어디서 하는 건가 싶어서 눈으로 번지점프대를 찾는데 사

람들이 한 곳을 바라보며 소리를 질렀다. 사람들의 시선을 따라가니 다리 중간에 실처럼 가느다란 로프가 보이고 그 아래 매달린 사람이 하염없이 아래로 하강하고 있었다. 밑으로 내려갔다가 다시 반동해서 올라오는데도 시간이 한참이 걸려 슬로모션처럼 느껴졌다. 그 모습을 보자 도전하겠다는 패기가 사라지고, 이게 무슨 짓인가 하는 생각이 들었다. 번지점프를 하고 막 올라온 사람 중에는 속이 좋지 않은지 구토를 하는 사람도 있었다.

"번지점프 할 수 있겠어? 나는 못할 것 같은데…."라고 했더니, "한번 뛰는데 너무 비싸서 안 되겠어. 안 하려고."란다. 하하하!

감히 엄두를 못 내는 사람들은 우리만이 아니었던지 다리에서 떨어지는 사람들을 바라보며 모두 같이 소리를 질러대고는 마주 보고 웃었다. 몇 번이나 떨어지는 것을 하염없이 구경하고 소리를 지르며 실컷 대리만족했다. 절대 무서워서 안 한 거 아니다. 비싸서 안 한 거다!

길에서 만난 동물 친구들

숲길을 한창 달리고 있을 때쯤 멀리서 이상한 물체가 보였다. 한 무리의 사람들이 여유롭게 도로를 가로지르고 있는 것이었다. 아프리카에서 함부로 히치하이킹을 해줬다가 강도로 돌변하기도 한다는 이야기에 차 문을 잠그고 긴장하면서 차량 속도를 늦추는데 다가갈수록 움직임이 이상했다. 직립보행을 하고는 있지만 어기적거리는 느낌이었다. 그것은 원숭이보다 큰 바분이었다. 숫자가 꽤 많았다. 가까이 다가가면 놀랄까 봐 흑설탕이 속도를 줄이는데 차가 오는지 마는지 신경 쓰지 않고 여유롭게 건넜다. 결국, 완전히 멈춰 바분 무리들이 도로를 다 건너기를 기다렸다.

어른 바분을 따라가며 장난치는 새끼 바분들이 너무 귀여웠다. 사람을 무서워하는 것 같지 않아 가까이 가서 구경하고 싶었다. 안전벨트를 풀고 차 문을 열려는데 갑자기 흑설탕이 "잠깐만 기다려봐." 하며 못 나가게 막았다. 고개를 들어보니 운전석 옆 나무 사이로 큰 바분 한 마리가 쑥 튀어나왔다. 키는 작지만 덩치가 커서 운동으로 다져진 성인 남자 같았다. 그놈은 잽싸게 운전석 도로 난간에 올라가더니 위협하듯 차 안을 들여다보았다. 흑설탕이 차 문이 잠겼는지를 확인했고, 나는 혹시 몰라 뒷좌석에 간식거리를 옷으로 덮었다. 당당히 유리창 안을 주시하고 있는 놈의 기세에 숨을 죽이고 바라보았다. 다행히 바분들이 길을 다 건넜기에 출발했는데 차가 멀리 사라질 때까지 그놈은 그 자리에서 우리를 위협적으로 응시하고 있었다.

케이프타운 인근으로 오니 탁 트인 도로 옆으로 넓은 평야가 이어졌다. 타조나 염소 등을 키우는 농장이 보이기도 하고 꽃을 키우는 농가도 보였다. 차량도 늘어나 많은 차들이 도로를 오가고 있었다. 곧 끝나게 될 가든 루트 여행의 아쉬움을 나누고 있는데 갑자기 앞차가 브레이크를 밟으며 속도를 서서히 줄여나갔다. 차가 막힐 리는 없을 텐데 사고가 난 것은 아닐까 걱정됐다. 갑자기 도로 위에 뽀얀 먼지가 올라오며 뭉게구름 같은 것이 지나가는 것이 보였다. 맞은 편에도 몇 대의 차량이 멈춰 서 있었다.

인근 농장의 양 떼가 이동하는 모양이었다. 양치기들이 길을 건널 수 있도록 유도하는데 수가 어마어마했다. 온몸의 털을 깎지 않아 덥수룩해 눈도 제대로 보이지 않을 것 같은데 양치기의 인도에 따라 이리 뛰고 저리 뛰는 것이 귀여웠다.

동물원이 아니라 길에서 동물 친구들을 만난다는 게 때로는 무섭기도 하고 즐겁기도 했지만, 자연과 인간이 조화롭게 사는 곳이기에 가능하다는 생각이 들었다. 계획하지 않은 즐거움이 있어 렌트 여행이 더 특별했다.

낯선 유럽피언들과의 트럭킹

어색한 첫날 밤

가이드 필릴레는 매일 밤 모닥불 가에 모여 앉은 우리에게 행복하냐고 물었다. 그때마다 주저 없이 말했다. 너무 행복하다고…. 먹을 것도 넉넉하지 않고, 따뜻한 샤워와 깨끗한 화장실이 없을 때도 있었다. 그러나 마음의 풍요는 현실의 결핍을 넘어서 작은 것들에 감사하게 하는 힘이 있었다. 물론 낯선 환경에 적응하기까지는 시간이 좀 필요했지만 말이다.

서너 시간 동안 남아공의 평야를 달려 캠핑장에 도착했다. 차에서 내리자마자 가장 먼저 텐트 치는 것을 배우고, 레게 가수 스타일의 부시맨 아저씨를 따라 캠핑장 뒷산을 산책하며 동·식물을 관찰하는 첫날의 일정을 마쳤다. 다시 캠핑장으로 돌아왔을 때는 날씨가 급변하여 밤바람이 차가웠다. 가이드 필릴레와 모린은 장작을 쌓아서 불을 붙이고 있었고 한쪽에는 셰프인 에릭이 저녁 식사인 미트소스 스파게티를 만들고 있었다. 다들 허기진 데다가 맛이 있어 만족스러운 저녁을 먹었다.

식사 이후에 모닥불 가에 앉아 필릴레의 트럭킹 설명을 들었다. 그는 남아공 출신의 전형적인 아프리카 흑인으로 40대 후반 정도 되어 보였다. 키는 작지만 다부진 체격에 눈빛이 선했다. 그의 영어는 느릿느릿 늘어지면서 특유의 엑센트가 있어 여행이 시작되고 얼마 되지 않아서 다들 그의 말투를 흉내 내곤 했다.

필릴레의 설명이 끝나고 첫날인 만큼 자기소개 시간이 이어졌다. 독일에서 온 엄마와 아들도 있었고, 호주에서 혼자 여행 온 직장인 여자도 있었고, 네덜란드에서 대학교 친구 세 명이 오기도 했다. 각자 자연스럽게 이름과 출신, 직업 또는 아프리카에 온 이유 등을 소개했다. 나는 휴직을 하고, 흑설탕은 퇴직을 하고 떠나온 길. 이 길에 서 있는 우리에게 '나는 어떤 사람인가?' 새삼스러운 질문을 던져 보게 되는 순간이었다.

그러나 더 중요한 시간은 이제부터였다. 자기소개가 끝나자 다들 각자 주변 사람들과 자연스럽게 이야기를 나누기 시작했다. 적극적인 사람은 빙 둘러가면서 모든 사람과 악수를 청하기도 했다. 우리도 옆에 앉은 독일 출신의 얀과 인사를 나누는데 회사에서 잘리고 시간 여유가 있어 혼자 여행 왔다고 말하는 그의 얼굴이 슬픈 것 같기도 하고 농담을 하는 것 같기도 하고 어려웠다. 공통된 화제가 없다 보니 이야기를 길게 끌고 간다는 게 쉽지 않았다. 미국과 호주 등의 영어권은 말을 뭉개서 못 알아듣겠고, 유럽권 각 나라별로도 특유의 발음이 있어서 알아듣기가 쉽지 않았다.

그런데 흑설탕은 훨씬 자연스러웠다. 처음엔 익숙하지 않은 발음에 당황하더니 곧 적응했다. 얀과 엔지니어라는 공통분모를 발견하고 이야기 삼매경에 빠졌다. 그 옆에서 무슨 말인지도 모르겠고 소외된 기분이 들었다. 나처럼 적응하지 못하는 12살 네덜란드 초딩 이자벨과 나란히 앉아 어색한 인사를 나눴다. 이후로도 어른들(?)의 대화에 끼지 못하면 종종 이자벨과 만나 대화를 나누게 되었다. 트럭킹을 계기로 말문이 트인 흑설탕은 영어 실력이 팝콘처럼 터져 나왔다. 반대로 초반의 노력이 신통찮은 결과로 돌아온 나는 의기소침해지면서 본의 아니게 조용하고 부끄러움을 많이 타는 동양 여자가 되었다.

'부시' 체험

광활한 평야만이 계속 이어졌다. 하늘도 땅도 잿빛인 데다가 다니는 차도 없어 제대로 된 도로를 달리는 게 맞는지 의심스러웠다. 가끔 보이는 것은 앙상한 나무와 풀 뿐 창밖의 풍경이 단조롭고 메말랐다. 잠에서 깨 멍하니 창밖을 보는데 화장실이 급해 왔다. 장시간 달려온 터라 급한 건 나뿐만이 아니었는지 새벽 출발에 피곤해서 단잠에 빠진 사람들이 일어나고 있었다. 흑설탕을 시켜 가이드에게 화장실 안 가냐고 물어보라고 하는데 갑자기 필릴레가 풀이 제법 자란 풀숲에 차를 세우더 니 말했다.

"자~ 여러분, 여긴 '부시 화장실'이에요. 여자는 왼쪽, 남자는 오른쪽."

순간 모두 무슨 뜻인지 몰라 머뭇거리다가 곧 눈치를 챘다. 화장실이 없으니 차를 기준으로 여자는 왼쪽으로 남자는 오른쪽으로 가 볼일을 보라는 것이었다. 남자들은 말이 떨어지기가 무섭게 차에서 내려 풀숲으로 달려가는데 여자들은 급한 사람 몇몇만 어색하게 내렸다. 나도 일단 내리기는 했는데 풀숲이라 하더라도 큰 높이는 아닌 데다가 잎이 무성한 것도 아니어서 당황스러웠다. 하지만 지금 볼일을 보지 않으면 또 언제가 될지 몰라 황급히 좀 더 높은 풀을 찾아서 멀리멀리 달렸다. 그때는 몰랐지만, 그날의 풀숲은 볼일 보기에 좋은 환경이었다. 때로는 낮은 풀밭에 내려 주어 쭈그려 앉아도 상반신이 보이는 애매한 상황이 연출되었다. 그러나 곧 서로를 못 본 척해주는 아량도 생겨났다.

부시 화장실을 한 번 더 지나 캠핑장에 도착했다. 저녁을 먹기 전에 샤워하려고 텐트를 서둘러 치고 샤워장으로 달려갔다. 약간의 '부시 샤워장'이라는 필릴레의 설명에 각오는 했는데 제대로 된 건물이 아니라 나무로 얼기설기 만들어진 간이 건물이었다. 안으로 들어가자 창문이 없고 뻥 뚫려있어 샤워기 앞에 서면 얼굴이 밖에서 보이는 희한한 구조였다. 내가 들어간 곳만 그런가 싶어 다시 나와보니 나처럼 당황한 독일 아줌마 아네스와 눈이 마주쳤다. 다 같은 형태라는 것을 깨닫고 어색하게 웃으며 각자의 칸으로 들어갔다.

물을 틀고 샤워를 시작하는데 그나마 따뜻한 물이 나와 다행이었다. 그러나 머리에 거품을 내고 다시 물을 틀어보니 금방 나오던 따뜻한 물이 찬물로 바뀌었다. 옆 칸의 아네스도 나지막이 독일 특유의 발음으로 "오 마이 갓뜨." 했다. 한여름에도 따뜻한 물로 샤워하는 나에게 밤이면 기온이 뚝 떨어지는 아프리카에서의 찬물 샤워는 괴로운 일이었다.

이후로 옮긴 수많은 캠핑장도 다 비슷한 수준이어서 씻는 일은 매번 그야말로 전쟁이었다. 서둘러 달려가지 않으면 찬물 샤워는 물론이거니와 샤워장과 화장실도 없이 물수건으로 모든 것을 해결해야 하는 날도 종종 있었다. 게다가 평소 샤워를 길게 하는 나에게는 서둘러 하고 나오는 것이 어려웠다. 첫날 나름 서둘러 하고 나왔는데도 그사이에 이미 옆 칸은 두 명이나 씻고 나와 눈총을 받았다. 이후 린스는 물론 샴푸 따위도 사치라는 것을 깨닫고 머리부터 발끝까지 비누를 미친 듯이 문질러 대는 것으로 간단히 끝내는 요령이 생겼다. 캠핑을 마칠 즈음에는 그 짧은 시간에 간단히 빨래까지 하고 나올 만큼 달인이 되었다. 하루 이틀 지날 때마다 매일 같은 식단의 식사가 질리고, 씻거나 싸는 등의 불편함은 날로 더해갔다. 그러나 '부시' 환경에 익숙해져 갈수록 아프리카의 아름다움은 빛을 발했다.

수줍지만 무서운 동양 여자

나미비아 출입국 사무소에서 입국 절차를 마치고 브랜다에 올라타니 지금껏 보던 평야가 사라지고 어제보다 더 황량하고 척박한 땅이 이어졌다. 가끔 보이는 마을도 나무판자나 양철판을 얼기설기 엮은 집뿐이라서 겨우 비바람만 막을 정도의 열악한 모습이었다. 아프리카의 나라 중 나미비아는 그래도 발달한 나라라고 하던데 빈부 격차가 심한 것은 남아공이나 나미비아나 마찬가지인 것 같았다.

어제에 이어 새벽 6시에 일어나 아침을 먹는 둥 마는 둥 하고 오전 내내 달리는 중이었다. 사람들 모두 조용히 창밖을 보면서 각자의 상념에 빠지거나 나름 터득한 편안한 자세를 잡고 잠을 청하고 있었다. 나와 흑설탕은 갑자기 추워진 날씨에 잠을 잘 자지 못한 터라 아침부터 내내 자다 깨다 몽롱한 상태를 반복하고 있었다.

그런데 아까부터 느낌이 이상했다. 엉덩이 쪽에 무언가 닿는 느낌이었다. 이상해서 뒤를 돌아봐도 별다른 게 없었다. 내 뒤에 앉은 네덜란드 대학생 로빈은 좁은 자리에 아크로바틱한 자세를 취하며 자고 있을 뿐이었다. 흑설탕이 왜 그러냐고 묻기에 엉덩이에 뭐가 닿는 느낌이라고 하니 편하게 자세를 잡도록 위치를 바꾸어 주었다. 피곤해서 그런가 싶어 다시 잠을 청하는데 이번엔 뭔가 물컹한 것이 느낌이 확실했다. 잽싸게 뒤를 돌아보자 등받이와 의자 받침 사이로 흰 양말이 나왔다가 들어갔다. 뒤에 앉은 로빈이 앞좌석 등받이 아래 틈새에 발을 집어넣은 게 내 엉덩이에 닿는 것이었다. 흑설탕도 같이 뒤를 돌아보았지만, 발을 뺀 그는 자는 시늉을 하고 있었다. 사과도 없이 모르는 척하는 태도가 어이없는데 흑설탕은 내가 괜히 민감한 것으로 생각했는지 별말 없이 다시 잠을 청했다. 한편으로 190cm는 돼 보이는 큰 키와 덩치에 얼마나 불편하면 그랬을까 싶기도 하고 다들 자는데 소란 피우고 싶지는 않았다. 그러나 의사 표현은 해야 할 것 같아 분명히 들리도록 주의해 달라고 말을 하고 잠을 청했다.

그런데 그 후로 30분여가 지났을까? 잠이 들락 말락 하는데 이번에는 발가락이 엉덩이에 닿는 느낌이 확실했다. 화가 나서 획 돌아서며 "hey!"하고 로빈을 불렀다. 황급히 발을 빼느라 미쳐 자는 척을 하지 못한 그가 놀라서 쳐다봤다가 내가 뭐 하는 거냐고 화를 내자 어색하게 모른 척했다. 흑설탕은 물론 로빈과 함께 온 친구 2명, 그 뒤에 앉은 네덜란드 부부가 깨서 왜 그러냐고 물었다. "얘가 의자 사이에 발을 넣어서 자꾸 내 엉덩이를 건드린다고! 확 그냥 막 그냥." 하고 성질을 냈다. 그 아이는 별일도 아닌데 그러냐는 듯 어깨를 으쓱해 보이고 어색하게 웃고 있었다. 그 뻔뻔한 모습을 보자 더 화가 났다. 특수한 상황에 처하면 초인적인 힘이 나오는 게 맞는 듯, 영화 속에서 보고 머릿속 어딘가에 저장되어 있던 못된 영어들이 입에서 마구 튀어나와 "What the hell~."을 섞어 화를 냈다. 그 모습에 다들 내가 진짜 화가 났다는 것을 알고 로빈에게 주의를 줬다. 로빈은 변명도 하지 않았지만 끝내 사과를 하지도 않았다.

내가 영어를 잘했거나 같은 유럽권이었으면 그런 태도를 보였을까 하는 자격지심에 적극적으로 도와주는 모습을 보여주지 않은 흑설탕에 대한 서운함까지 보태져 이후로 로빈과 한마디도 하지 않았다(나중에 흑설탕의 중재로 화해하기는 했다). 이제 나는 수줍고 조용하지만 화나면 무서운 동양 여자가 되어버렸다.

점프 샷의 인연

여행 첫날 우리보다 먼저 도착한 두 명의 남녀가 있었다. 남자는 키는 작지만 다부진 몸매에 수염이 많아 산적 같았고, 여자는 묘한 푸른색의 눈동자가 신경질적이었다. 둘 다 인상이 썩 좋지는 않았다. 인사를 나누기는 했지만 적응되지 않는 불편함에 서로 떨어져 앉아 다른 사람들이 도착하기만을 기다렸었다. 그때는 정말 몰랐다. 친한 친구가 될 줄은….

여느 때처럼 정신없는 점심식사를 마치고 세계에서 두 번째로 큰 협곡이라는 피쉬리버 캐니언을 보기 위해서 이동했다. 캠핑장에서 얼마 가지 않아 도착한 협곡은 시작과 끝을 알 수가 없을 만큼 거대하고 웅장했다. 협곡 옆에 브랜다를 세우고 협곡의 넓이와 깊이를 굽어보았다. 필릴레의 설명을 들으며 걷는데 서로가 익숙해진 일행들은 사진을 찍어주기도 하는 등 좀 더 친해진 느낌이었다. 우리는 남는 게 사진이라는 생각으로 어딜 가나 적극적으로 사진을 찍는데, 즐겨 하는 점프샷은 둘이 찍기가 쉽지 않았다. 삼각대를 세팅하고 여러 번 시도했지만, 생각보다 맘에 들지 않았다. 옆에서 흥미롭게 보던 알베르토가 다가왔다.

"내가 좀 도와줄까?"

원, 투, 쓰리에 맞춰 점프하는 것을 제대로 잡아내기는 쉽지 않았다. 알베르토는 실패해서 다시 찍을 때마다 너무 미안해했다. 서너 번을 더 뛰어야 했지만 도와준 것만으로 고마웠다. 갑자기 흑설탕이 알베르토에게,

"너네도 점프 좀 해봐. 우리가 찍어줄게." 하고 제안했다. 여태 조용하고 조심스럽던 그들이 의외로 하겠다고 나섰다. 박자가 맞지 않아 몇 번이나 다시 시도하는데 뛸 때마다 너무 웃겨서 한바탕 웃었다.

촬영 후에 남는 멋진 사진은 둘째치고 뛰는 사람도 찍어주는 사람도

유쾌한 것이 바로 점프 샷의 매력이라 어느새 다른 일행들도 다 같이 점프를 하고 있었다. 이후로 멋진 풍경이 나올 때마다 사진을 찍어주느라 서로를 찾게 되었다. 점프 샷의 인연은 길게 이어져서 그들 집에서 삼 일간을 머물렀고, 다음 해에 그들은 한국을 방문해서 우리 집에서 일주일을 묵기도 했다. 사람 일이란 정말 모를 일이다.

눈물의 작별인사

아버지와 아들

필릴레가 다른 때보다 일찍 아침 기상을 외쳤다. 여행 멤버에 제법 익숙해져 매일 밤이 파티 타임인지라 거하게 맥주 또는 와인을 마신 대부분의 인원들이 쉽게 잠에서 깨어나지 못하고 있었다. 우리도 알베르토, 로시오와 늦은 시간까지 수다를 떨었더니 일어나는 것이 쉽지 않았다. 잽싸게 일어나 고양이 세수를 하고 시리얼을 씹는 동안에도 필릴레는 못 일어난 사람들을 독촉하느라고 정신없는 모습이었다.

나미비아의 사막으로 수많은 트럭들이 몰려들었다. '이래서 필릴레가 서둘렀구나.' 싶게 급기야는 차가 막히기까지 했다. 일출을 보기 위해서 이른 새벽 출발했는데도 몰려드는 차에 밀려 해는 이미 떠오르고 있었다. 차에서 내리니 먼저 도착한 부지런한 사람들은 모래언덕 꼭대기에서 여유롭게 일출을 바라보고 있고 미처 언덕에 오르지 못한 수많은 사람들이 꼬리에 꼬리를 물고 올라가고 있었다. 어둡던 하늘 저편은 이미 사막 위로 화려한 붉은 빛을 발산했다. 레이저 쇼를 보는 듯 강렬한 색감에 눈이 부셨다.

모래언덕 꼭대기로 올라가면 올라갈수록 더 황홀하고 아름다운 전경을 볼 수 있다는 필릴레의 말에 서둘러 오르기 시작했다. 하지만 발이 푹푹 빠져 걷기가 쉽지 않은 데다가 해가 다 뜨지 않아 추웠다. 사방에서 불어오는 바람에 귀와 입과 코로 모래가 사정없이 들어왔다. 혈기 왕성한 대학생 로빈 일행과 엄마와 함께 온 독일 청년, 호주 아가씨 둘 등 몇몇은 달리듯이 사막을 올라가고 있었고, 그 뒤로 알베르토와 로시오, 독일 남자 얀 등의 20대 후반에서 30대 중반이 한 그룹, 네덜란드 부부와 아들과 함께 온 독일 아줌마 아네스, 딸과 함께 온 호주 아줌마 로렌 등 중년들은 천천히 뒤를 따라가고 있었다. 어느 정도 올라가니 꽤 높아서 풍경이 제법 보이는 데다가 이미 해가 중천에 떠버려 더 올라가기를 포기하고 사진에 풍경을 담으며 나미비아의 모래언덕을 즐기고 있었다.

문득 뒤를 돌아보니 일행에서 떨어진 빈센트가 사진 찍는 우리를 재미있다는 듯이 보고 있길래 "너도 찍어줄까?" 했더니 수줍어하면서도 잽싸게 다가와 포즈를 취했다. 빈센트는 이자벨의 오빠로 14살 중딩이었다. 십 대 특유의 산만함 때문에 아빠 옌스에게 자주 혼이 나곤 했고, 가끔 돌발 행동을 해서 일행들에게 밉상으로 찍혀있었다. 하지만 어른들도 쉽지 않은 힘겨운 여행인 데다가 또래가 없는 빈센트에게는 여행이 그리 즐거울 것 같지 않았다. 빈센트는 익살스러운 포즈도 취하고, 우리를 찍어주기도 했다. 이야기를 나누어 보니 버릇없기만 한 십 대는 아니었다. 성숙한 외모와 얼굴을 가졌지만 엉뚱하고 꾸밈없는 태도가 귀여웠다. 그런데 멀리서 다급하게 빈센트를 부르는 아빠 옌스의 목소리가 들렸다. 뒤에 처진 빈센트가 걱정되어 찾은 듯했고, 또 빈센트는 또 혼날까 봐 서둘러 뛰어갔다.

나미비아 사막 체험이 끝나고 다시 모인 캠프파이어 타임에 별로 이야기를 나눠본 적이 없던 옌스가 갑자기 와인 한잔하겠냐며 불렀다. 낮에 혹시 빈센트가 실수라도 한 건 아니냐며 조심스레 말을 걸었다. 오히려 너무 귀여워서 대화하는 게 재미있었다고 말해주자 그의 얼굴이 환해졌다. 흥겨운 분위기에 와인을 많이 마신 옌스는 다음 여행 때는 네덜란드를 방문해서 자기네 집에서 머물라며 주소와 연락처를 적어주기도 했다. 동양이나 서양이나 자식을 걱정하는 부모의 마음은 다 같은 듯. 어색했던 유럽사람들이 조금 더 가깝게 느껴졌다.

힘바 부족의 반전

도착한 힘바 부족 캠핑장은 화장실조차 없었다. 아무것도 없는 돌산 아래 텐트를 쳤다. 하지만, 인간을 위한 편의시설이 없는 만큼 자연이 잘 보존되어 있어 주변 경관이 기가 막히게 아름다웠다. 북쪽으로 올라갈수록 적도에 가까워 춥지 않았기에 필릴레는 밤하늘의 별을 보며 야외 취침을 해보라고 권하기도 했다.

캠프사이트를 구축하고 바로 힘바 부족들을 보러 이동했다. 우리가 여기 온 이유중에 하나였다. 마을로 들어서니 짚으로 지붕을 엮고 흙으로 바른 여러 채의 집들이 마을을 둘러싸고 있었고, 가축을 기르는 축사도 여럿 있었다. 전통 가옥은 그다지 새로울 것이 없었으나 그보다 힘바 부족 여인들이 상반신 누드여서 당황스러웠다. 곧 너무 자연스러운 그녀들의 태도에 적응했다. 그녀들은 뜨거운 태양으로부터 피부를 보호하기 위해서 빨간 진흙과 기름을 온몸에 바르고 있었다. 붉은 피부뿐만 아니라 곱게 땋은 머리며 장신구들이 굉장히 화려하고 멋스러웠다.

마을에서 가장 적극적으로 우리를 반긴 것은 아이들이었다. 낯선 사람에게 먼저 다가와 손을 잡고 말을 걸었다. 몸에 지닌 새로운 물건에 관심을 보이며 이것저것 달라고 하기도 했다. 대부분은 아이들의 애교에 가지고 있던 물과 액세서리 등을 나누어 주었다. 로시오는 초등학교 선생님답게 아이들에게 몇 가지 재미있는 동작과 노래를 가르쳐주었다. 트럭킹 내내 음식과 환경에 적응하지 못해 신경질적이고, 날카로웠는데 저런 자애로운 표정이 있다는 게 신기했다. 아이들과 함께 있는 그녀의 얼굴은 행복해 보였다. 저것이 평소 그녀의 모습이겠지 싶었다.

네덜란드 대학 농구선수 제이크는 2m 가까이 되는 큰 키를 이용해서 아이들에게 그네를 태워주었다. 줄을 서가며 타려고 할 만큼 인간 그네는 인기가 있었다. 대학 동창들 넷이서 여행 온 네덜란드 청년들은 밤마다 술을 진탕 마시느라고 항상 아침에는 씻지도 못한 부스스한 얼굴이었다. 그런데 아이들과 놀아주는 모습을 보니 철부지 대학생이 아닌 의젓한 형다운 모습이 느껴졌다.

우리를 더욱 무장해제 시킨 것은 아기들이었다. 이제 막 걸음마를 뗀 포동포동 아기들이 호기심 가득한 눈으로 쳐다보았다. 조심스레 거리를 두고 예쁜 모습을 사진에 담고 있는데 자연스레 다가와서 품에 안겼다. 흑설탕도 나도 얼결에 아기를 안게 되었다. 흑설탕에게 안긴 아기는 선글라스를 잡아당기기도 하고, 모자에 달린 줄을 조절하는 둥근 버클이 사탕쯤으로 보였는지 얼른 입으로 쏙 집어넣었다. 사탕이 아닌 것을 알고 툭 뱉어내는 모습이 너무 사랑스러워서 없는 사탕이라도 만들어 주고 싶었다. 어느새 온몸과 마음으로 아이들과 놀고 있었다.

힘바 부족 사람들은 집을 구경시켜주고, 차를 끓여주며, 사는 모습을 설명해주었다. 열 명 정도가 다닥다닥 쪼그리고 앉으면 꽉 찰 정도의 한 칸짜리 작은 집이었지만 뾰족하고 낮은 천장 때문에 다락방에 올라온 듯 아늑한 느낌이 있었다. 일부다처제라 이 마을은 한 가장을 중심으로 일가를 이룬 가족이라고 했다. 대충 계산해도 한 남편에 부인이 열다섯 명이 넘는다는 이야기인데, 가족을 어떻게 책임지고 꾸려가는 것인지 궁금했다. 삶을 유지하기 위해서 어쩔 수 없이 관광객에게 삶의 공간을 열어주었을 거라는 생각이 들었다.

늦은 오후가 되자 밖이 소란스러웠다. 집 안에 있던 힘바 부족 여인들이 우르르 밖으로 나오더니 마을 중앙에 둥글게 앉아 좌판을 벌였다. 순식간에 장사 대열로 정비한 그녀들은 소소한 목걸이 팔찌 등을 펼쳐놓고 구경하라고 손짓을 했다. 말을 걸 땐 쑥스러워 보였는데 적극적으로 호객을 하니 당황스러웠다. 여행 내내 보아온 조악하고 비슷한 공예품들이라 선뜻 돈을 지불하고 사는 사람은 없었다. 장사가 시원치 않으니 갑자기 돌아가며 춤을 추기 시작했다. 이쯤 되자 안 사고 돌아선다는 것 자체가 민망해 사람들이 작은 기념품을 하나씩 구매했다. 그러나 강매를 당하는 것 같은 기분에 마음이 좋지는 않았다. 문득 우리가 돌아가고 나면 청바지로 갈아입고 퇴근을 할지도 모르겠다는 생각이 들었다.

식탁 위의 야생동물

트럭 투어를 시작한 지 열흘째, 그렇게 보고 싶어 했던 동물의 천국인 에토샤 국립공원에 입성했다. 아프리카 여행자들의 로망인 에토샤 국립공원은 100년 이상을 자연 보호구역으로 보존됐다고 한다. 지금이 동물 관찰하기 좋은 시기라 아프리카 사파리의 빅 파이브라고 불리는 사자, 코끼리, 코뿔소, 표범, 버팔로를 모두 볼 수 있다는 필리레의 설명에 흑설탕은 신이 나서 망원 렌즈를 만지작거렸다.

본격적인 게임 드라이브(차로 동물을 구경하는) 시간이 돌아왔다. 브랜다를 타고 나선 지 얼마 지나지 않아 수많은 영양들을 볼 수 있었다. 사슴과 비슷하지만, 털이 밝은 노란색에 가깝고 꼬리를 시종일관 살랑살랑 흔들고 있어 사랑스러웠다. 필릴레의 설명에 의하면 영양은 딱 잡히지 않을 만큼의 거리를 두고 도망친다고 한다. 그다음으로 많은 건 얼룩말이었다. 실제로 보니 생각보다 날렵한 느낌은 아니었다. 작은 데다가 통통해서 살찐 조랑말 같았다. 하지만 넓은 초원 위에 수백 마리의 얼룩말들이 여유롭게 풀 뜯는 것을 보니 감개무량했다. 드넓은 에토샤 국립공원

을 누비면서 이외에도 사자, 기린, 하이에나, 자칼 등을 볼 수 있었다. 가장 기대했던 표범이 끝내 모습을 나타내지 않아서 아쉬웠고, 망원 렌즈로도 동물 사진이 제대로 찍히지 않을 정도로 거리가 멀어 안타까웠다. 원하는 동물들을 볼 수 있는 것도 운이 따라주어야 가능한 일이었다.

그러나 에토샤 국립공원의 백미는 자연경관이었다. 메마른 국립공원 곳곳에 워터홀이 있어 야생동물들이 물을 마시기 위해 모여들었다. 동물들이 같은 영역을 공유하면서 물을 마시는 장면은 평화롭기도 하고 성스럽기도 했다. 특히 캠핑장 인근 워터홀은 낮은 조도의 조명등을 설치하고 의자를 배치해 놓아서 밤에 물 마시러 오는 동물들을 볼 수 있었다. 각국의 사람들이 모두 숨을 죽이고 물을 마시는 코끼리나 기린 등을 구경하는 모습은 그 자체로 장관이었다.

또한 남미의 우유니 사막과 흡사한 에토샤 판은 건기여서 눈에 덮인 듯 하얀 소금 사막이 펼쳐져 있었다. 그 모습이 아름다워 쉴새 없이 카메라 셔터를 눌렀다. 비록 원했던 만큼 동물들을 볼 수 없었지만, 국립공원의 황홀한 풍경에 아프리카 여행 이후 사진을 제일 많이 찍은 날이기도 했다.

이틀간 원 없이 국립공원을 달렸던 에토샤 일정을 마치고 나미비아의 수도 빈드후크에 도착했다. 오랜만에 레스토랑에서의 저녁이 예정되어 있어 다들 들떴다. 말쑥하게 차려입고 레스토랑으로 들어갔는데 큰 규모에 관광객들로 꽉 차 있었다. 어떤 메뉴가 있을까 기대하면서 각자 메뉴판을 받아 들었는데 펼치자마자 반응이 소란스러웠다. 메뉴판에는 동물들의 고기가 총망라되어 있던 것이었다. 사자, 호랑이 등의 맹수를 제외하고 영양, 타조, 얼룩말, 악어, 양 등 각종 동물을 맛볼 수 있었다. 이걸 어떻게 먹냐는 사람도 있었고 기대에 찬 얼굴로 주문하는 사람도 있었다. 막상 나온 음식은 저마다의 질감은 조금씩 달랐지만, 그냥 맛있게 잘 구운 스테이크였다. 그러나 아까 만난 그 동물이 지금 내 식탁에 올라왔을지도 모른다는 생각을 하니 좀 이상했다.

자연 속에서 친구가 되는 오카방고 델타

새벽녘, 잠귀가 밝은 나는 네발짐승이 킁킁거리면서 텐트 사이를 돌아다니는 것이 느껴졌다. 어제 저녁에 가이드가 멧돼지들이 내려올지 모르니 음식 쓰레기를 아무 곳에 버리지 말라고 했던 게 생각났다. 텐트 안에 있는 간식 냄새를 맡은 건지 주변을 돌아다니면서 냄새를 한참 맡

고 사라졌다. 아침에 일어나 보니 동물의 발자국으로 추정되는 흔적이 텐트 주위에 어지럽게 흩어져 있었다. 어제 게임 워킹(걸어서 동물을 보는)이 지루했던 데다 동물들이 멀리 있어 야생이라는 것을 전혀 실감하지 못했는데 막상 머무는 텐트 주변까지 올 수 있다는 생각을 하니 기분이 이상했다.

새벽같이 일어나 아침을 먹고 오전 게임 워킹을 했다. 어제와 비슷하게 동물의 똥, 사체의 잔해 등만 볼 수 있을 뿐 새로운 동물을 볼 수는 없었다. 하긴 강가 주변이 사람들로 이리 시끄러운데 동물들이 올 리가 없었다. 차로 이동하면 기동성이라도 있을 텐데 걸어서 보는 것은 한계가 있었다. 아침 산책 정도로 마치고 숙소로 돌아왔다. 오카방고 강과 나무뿐인 하루였다.

점심을 먹고 나니 오후까지는 또 자유시간이었다. 알베르토, 로시오와 나란히 누워서 흘러가는 강을 바라보며 여느 때처럼 수다를 떨었다. 이틀간 허허벌판에서의 야생 캠핑 덕에 그들과 더 진지한 이야기들을 많이 나누었다. 담소가 지루해진 사람들은 어제보다 더 적극적으로 야생을 즐겼다. 카누를 직접 운전해서 강가를 돌아보기도 하고 오카 강에서 수영을 하기도 했다. 곧 카누와 수영도 지겨워지자 하나둘 가지고 온 카드나 보드게임을 하기 시작했다.

우리도 처음에는 벨기에 가족들이 우노 게임(카드로 하는 보드게임)을 하는 것을 구경하다가 나중에 함께 했다. 유럽사람들한테는 잘 알려진 보드 게임인지 우리만 룰을 몰랐지만 몇 번 게임을 하다 보니 금방 따라갈 수 있었다. 서너 명이 시작했던 게임은 구경하는 사람까지 합세해서 판이 커졌다. 다 같이 게임을 하면서 놀다 보니 오늘의 자유시간은 어제보다 빨리 지나갔다.

저녁식사를 하고 나서는 인근의 하마 서식지를 찾아 나섰다. 다들 어디에 캠핑그라운드를 구축했는지 다른 투어 일행들도 카누에 삼삼오오 나눠 타고 모여들고 있었다. 그러나 진짜 주인공은 하마가 아니었다. 노을에 물들어가는 오카방고 강의 모습이 찬란해서 감탄사가 절로 나왔다. 모인 사람들은 집단 최면 상태에 빠진 듯 넋을 놓고 보츠와나의 일몰을 감상했다. 시시각각 다른 색으로 변하는 풍경에 미친 듯이 카메라 셔터를 눌러댔다.

멋진 일몰을 감상한 후 캠핑그라운드로 돌아왔는데 저녁은 먹었고 해는 졌지만, 시간은 7시밖에 안 됐다. 모두 맥주와 와인을 홀짝거리며 불 가에 앉아있는데 조용하던 가이드들이(보트 운전사들) 아프리카 전통춤과 노래를 보여준다며 모이라고 했다. 그들의 전통춤과 노래를 보고 나서 갑자기 분위기는 나라별 장기자랑 모드로 바뀌었다. 먼저 인원이 많은 네덜란드가 일어나서 율동과 함께 노래를 불렀고 이어서 조용한 벨기에 가족이 나와 수줍은 노래를 불렀다. 처음에는 시켜서야 겨우 나와 노래를 하더니 두어 팀이 나와서 노래를 하고 나자 서로 손을 들고 나섰다. 술이 얼큰한 네덜란드 청년들은 시키지도 않았는데 또 나와 노래를 했다. 우리도 평소에 자주 부르던 듀엣곡을 불렀다. 사람들의 열화와 같은 박수에 신이 난 흑설탕은 혼자 나가 또 노래를 부르기도 했다. 여행 후반에 합류해서 어색하던 벨기에 가족들도, 평소 조용하던 독일 아줌마 아네스도, 혼자 온 호주 아가씨 제시도 오늘만큼은 적극적으로 일어나 춤도 추고 노래를 했다. 나라별 장기자랑 대회는 마지막엔 다 같이 손을 잡고 불가를 도는 등 밤늦도록 이어졌다.

눈물의 작별인사

하루는 길었지만 20일은 빨랐다. 짐바브웨로 넘어와 마지막 여정인 빅토리아 폭포에 도착했다. 낮에 빅토리아 폴을 구경하고 저녁에는 마지막 만찬이 예정되어 있었다. 그동안 음식이 안 맞거나 양이 부족해 불만스러웠는데(흑설탕은 6kg이 빠졌다!) 마지막 만찬답게 푸짐하고 훌륭했다. 아프리카에서 쉽게 보기 힘든 각종 고기와 채소가 차려진 진수성찬이었다. 그러나 만찬과 맥주를 마시면서도 다른 때와 달리 분위기는 엄숙해졌다. 주변 사람과 소곤소곤 담소를 나눌 뿐 흥에 겨워 목소리가 높아지거나 웃음소리가 커지지는 않았다.

오전에 미리 3주간 이끌어 준 가이드 필릴레, 보조 가이드 모린, 요리사 에릭을 위해 돈을 걷고 짤막한 인사말을 적은 카드를 만들었다. 카드에는 막내 이사벨이 얼굴을 하나하나 그려 넣었다. 저녁 식사가 거의 마무리 될 때쯤 인솔자 대표인 필릴레에게 카드와 돈이 든 봉투를 전달했다. 필릴레가 봉투를 받아 들고 자리에서 일어나 마지막 말을 하려는데 목소리가 가늘게 떨렸다. 그는 매일 아침 "웨키웨키(웨이크업 웨이크업을 줄여서)" 하면서 특유의 억양으로 사람들을 깨웠고 밤이면 느리고 장황하지만 따뜻한 마무리 인사로(너무 늘어져서 자주 야유를 받았다) 하루를 마감하곤 했다. 많은 일들이 떠오르는 듯 필릴레의 마지막 인사는 어느 때보다 두서가 없었다. 그러나 다들 묵묵하고 진지하게 그의 이야기를 들었다. 눈물이 글썽글썽한 채로 필릴레가 인사를 마치고 투어가 종료되었음을 알렸다.

하지만 어느 하나 먼저 일어나 방으로 가는 사람이 없었다. 다들 일어나 헤어짐의 인사를 나누었다. 옌스는 유럽에 오면 꼭 자신의 집을 방문해 달라며 다시 한 번 주소를 적어주었다. 여행기간 동안 많은 이야기

를 나눴던 꼬마 친구 빈센트와 이자벨과도 작별인사를 나눴다. 이어서 독일 신혼부부 커플과 독일 모자 커플, 벨기에 가족, 로빈 일행, 혼자 온 독일 남자 얀, 호주 여자 제시 등과 차례로 인사를 나눴다. 그리고 호주 아줌마 르네와 인사를 나누는데 눈가에 눈물이 그렁그렁한 르네가 "아이가 생기면 호주에 르네라는 할머니가 있다는 것을 꼭 이야기해줬으면 좋겠다."며 아이와 함께 호주를 꼭 방문해 달라고 했다. 며칠 전 아이가 안 생겨 고민이라는 나에게 기도해 주겠다고 했던 그녀였다. 가슴이 뭉클했다. 그녀는 두 팔로 나를 꼭 안아주었다. 팔을 풀면서 마주 본 르네의 눈에서 눈물이 또르르 흘러내렸다. 나의 감정도 울렁울렁 주체가 안 됐다.

마지막으로 알베르토, 로시오와도 작별인사를 나누었다. 아프리카 여행 이후 유럽을 방문할 때 마드리드에서 만나기로 약속했지만, 서운함에 로시오의 눈에도 눈물이 흘렀다. 르네와 인사할 때만 해도 잘 참은 것 같은데 나도 모르게 눈물이 흘렀다. 처음에는 어색하고 잘 적응할 수 있을까 걱정했던 낯선 여행자들이었다. 외국 친구 하나쯤 생길지도 모른다는 기대감은 있었지만, 눈물을 흘리며 헤어질 거라고는 생각도 못 해본 일이었다.

아침에 일어나니 트럭을 타거나 비행기를 타고 남아공으로 돌아가는 사람들은 이미 떠나고 다시 길 위에 둘이 남게 되었다. 짊어진 배낭은 더 무거워진 듯했고, 마음 한구석은 허전했다. 다시 의지할 사람은 우리 둘뿐. 두 손을 꼭 잡고 잠비아 국경을 향해 걸었다.

리얼 아프리카

현지인과의 물물교환

짐바브웨에서 잠비아 국경을 막 넘었는데 서너 명의 흑인 남자들이 따라왔다. 양손에 나무로 만든 아프리카 토속 인형 등의 기념품을 들고 있었다. 물건을 팔려는 것인 줄 알았는데 쓰고 있는 모자며 티셔츠 등을 가리키는 것으로 보아 교환하자는 것 같았다. 이제 막 국경을 넘어 잠비아 상황을 잘 모르기에 어떤 물건과 바꾸기를 원하는 것인지 감이 오지 않았다. 밑져야 본전이라는 생각으로 다 떨어져서 버릴까 말까 고민하던 흑설탕의 샌들을 가방에서 꺼내 보여주었다. 다들 서로 달라며 난리를 치는데 한 남자가 들고 있던 다섯 개의 물건을 다 주겠다는 시늉을 했다. 생각보다 괜찮은 홍정이었다. 하지만 이미 짐이 많아 힘든 상황이라 상반신만 한 나무 인형들은 부담스러웠다.

“저거 멋지긴 한데 커서 가지고 다니기 힘들겠지?” 하고 의견을 나누는데 망설이는 것으로 비쳤는지 주변의 다른 남자들도 자기 물건을 들이밀면서 열을 올렸다. 마음이 급해진 남자는 주머니를 뒤져 다른 물건들을 모두 꺼내 놓으며 홍정이 깨질까 안달이 났다. 헤져서 버릴까 말까 했던 허름한 샌들이 다른 이들에게는 소중하게 여겨질 수 있다니, 새로웠다. 사이즈가 작고 정교한 것들로 물건을 고르는데 들여다보는 잠깐

사이에 어쩌나 진지한 침묵이 흐르던지. 조각상이 우리 손에 들려지고 샌들을 건네주자 남자는 환하게 웃었다. 이 정도면 서로가 만족스러운 흥정인 것 같았다. 악수하고, 손을 흔들면서 각자의 길로 멀어지는 사이 다른 남자들은 그의 손에 들린 샌들을 구경하자며 난리가 났다.

"와, 샌들 안 버리기를 진짜 잘했네. 안 입는 티셔츠도 바꿀 걸 그랬나?"

이야기를 나누며 걷다 보니 어느새 큰 거리까지 나왔다. 택시를 타고 가이드북에서 찍어놓은 리빙스톤 백패커스에 내렸다. 안으로 들어가려는데 길목에 좌판을 벌여놓고 파는 사람들이 몇 있었다. 무엇을 파는지 궁금해 구경하려고 다가갔는데 저런 것을 사는 사람들이 있을까 싶게 물건이 허름하고 볼품이 없었다. 생각해보니 길에서 마주친 아이들 중 제대로 된 깨끗한 신발을 신은 아이를 거의 못 본 듯했다. 길에 늘어놓은 옷가지들도 입었던 옷인 것처럼 헤진 것들이 많았다. 문득 지금까지 아프리카 몇 나라를 거쳐오면서 관광지만 들렀지 진짜 사람 사는 모습을 제대로 못 본 것 같은 생각이 들었다. 얼마 남지 않은 아프리카의 일정이 더 아쉽고 소중해졌다.

뜯고 씹고 즐기는 맛

탄자니아로 가는 버스 편을 예약하고 돌아오는 길에 큰 숙제를 해결한 기념으로 로컬 식당에서 점심을 먹기로 했다. 햄버거나 피자를 파는 곳들도 보였지만 이왕이면 현지인들이 주로 가는 식당에서 현지식을 먹어보고 싶었다. 가건물로 된 허름한 식당이 눈에 들어왔다. 일단 들어가 보기로 했다.

가게 안은 문을 연 게 맞나 싶게 어수선했다. 몇 개의 테이블 빼고 인테리어의 개념은 없어 보였다. 주인도 처음 보는 낯선 동양인의 등장에 다소 당황한 듯했다. 커다란 글씨로 벽에 스테이크, 치킨 등 메뉴가 쓰여 있었다. 고심 끝에 시마(옥수숫가루를 풀어 빵처럼 만드는 아프리카 주식. 떡과 비슷)와 치킨 그리고 티본스테이크를 시켰다.

사진도 찍고 구경하며 음식이 나오기를 기다리는데 다른 손님이 없었음에도 음식은 생각보다 오래 걸렸다. 주문해 놓고 보니 배가 더 고팠다. 식당 사진도 찍으며 조용히 기다렸다. 곧 흰떡처럼 생긴 찰진 시마가 나오고 치킨과 티본스테이크가 나왔다. 뽀얗고 하얀 시마에 비해서 치킨과 티본이 너무 새까맸다. 구운 게 아니라 태운 것 같았다. 원래 아프리카식인가 싶어 아무 말 없이 포크와 나이프를 세팅해 주기를 기다렸다.

그런데 아무리 기다려도 포크와 나이프를 안 주는 것이었다. 흑설탕이 주방으로 가서 주방장 겸 주인장인 남자에게 이야기를 했다. 주인이 당황하며 주방으로 들어가더니 한참 있다가 나왔다. 흑설탕이 웃으면서 받아 들고 돌아온 것은 구부러지고 녹슨 포크 2개와 부엌칼 1개였다. 아차, 게스트하우스에서 내내 만들어 먹다 보니 현지인들이 손으로 밥을 먹는다는 것을 깜박한 것이었다. 어디선가 굴러다니던 포크와 부엌에서 사용하던 식칼을 급히 내준 모양이었다.

치킨은 그래도 먹을 만했으나, 티본스테이크는 타고 질겨 날이 무딘 부엌칼로 제대로 잘리지도 않고 포크로 찍히지도 않았다. 매일 먹는 말라리아약이 빈속에 먹으면 위장이 타버릴 것같이 피곤기에 무엇으로든 뱃속을 채워야 했다. 결국, 고기를 손으로 들고 뜯을 수밖에 없었다. 포크와 나이프가 처음부터 같이 나왔어도 손으로 먹어야 했을 것이다. 질긴 고기를 거칠게 뜯고 있자니 기분이 이상했다.

"역시 고기는 뜯는 맛이지."

흑설탕의 농담에 키득키득 웃음이 나왔다.

중국인이게? 한국인이게?

길을 걷는데 7~8살쯤 된 동네 꼬맹이들이 따라오면서 "쿵, 취, 팟!"하고 이상한 소리를 냈다. 결투하듯 우스꽝스럽게 싸우는 흉내도 냈다. 기분 나빠해야 하는 건가 아니면 아는 척이라도 해주니 기뻐해야 하는 건가 싶어 어색한 표정을 짓고 있는데 자기들끼리 웃고 떠들며 지나갔다. 하는 짓을 보니 이소룡이나 성룡 등 중화권 영화를 흉내 낸 것 같았다. 예감대로 게스트하우스에서 만난 한국 대학생에게 물으니 중국인들을 놀리기 위해서 이소룡 흉내를 낸 것이라고 했다. 하긴 생각보다 아프리카에서 중국인들을 많이 보긴 했었다. 중국인으로 보였다고 슬플 일도 아니고 놀림 받았다고 화날 일도 아니지만, 썩 유쾌하지는 않았다. 다음에 만나면 "한국사람이다! 이놈들아!" 하고 소리를 질러줄 테다.

게스트하우스로 돌아와 저녁을 해 먹으려고 야외 키친으로 나갔다. 작은 부엌이라 서너 명만 들어가도 꽉 차는 데다가 이미 요리를 하는 사람이 있었다. 오랜만에 마트에서 사 온 남아공 와인을 마시면서 우리 차례가 오기를 기다렸다. 요리하는 사람들은 여행객은 아닌 듯했고, 일하는 현지 흑인 같았다. 한 명은 냄비에 죽 같은 것을 저어가면서 끓이고 있는데, 시마를 만드는 것 같았다. 다른 사람은 프라이팬에 멸치 같은 작은 생선을 볶고 있는데 간을 보면서 연신 흰 가루를 넣고 있었다. 설탕과 소금으로 간을 해가며 반찬을 만드는 것 같았다. 요리하는 모습이

홍미로워 와인을 마시면서 자꾸 눈길이 갔다.

갑자기 그중 한 명이 어느 나라에서 왔냐고 물었다. "코리아."라고 답하자 의례 묻는 것처럼 "북쪽이야 남쪽이야?"라는 질문이 돌아왔다. 이제 익숙해서 자동으로 "남쪽이야."라고 답하니 갑자기 "찌쏭팍?"이라고 하는 것이다. 제대로 들리지 않아서 "뭐라고?" 하며 재차 물었다. 그는 "맨체스터 찌쏭팍!"이라고 하면서 씩 웃었다. 언뜻 그 단어가 귀에 안 들어오는데 흑설탕은 알아들은 모양이었다. 반갑게 웃으면서 "맨체스터 유나이티드의 박지성을 알아?" 했다. 그제야 이해가 되었다. 그 현지인도 신이 나서 "맨체스터 유나이티드 팬인데 그중에서도 박지성을 정말 좋아해. 그는 정말 최고야."라고 하며 엄지손가락을 들어 보였다.

아, 이렇게 감격스러울 수가. 박지성과 같은 나라 사람이라고 알아봐 주다니. 낮에는 중국인인 줄 알고 애들한테 놀림 받았는데 말이다. 우리가 한국인인 게 아니, 박지성이 한국인이라는 게 자랑스러웠다.

천국의 리조트

아침에 눈을 뜨자 커튼 사이를 비집고 들어온 빛이 방을 가득 메우고 있었다. 머리 위에 빙글빙글 돌아가는 커다란 팬에서 시원한 바람이 불었다. 하얗다 못해 눈부신 침대 시트와 이국적인 그림과 조가비로 장식된 우아한 방이 눈에 들어왔다. 여기가 아프리카라는 것이 믿어지지 않았다. 아직 자고 있는 흑설탕의 얼굴을 보니 좋은 꿈이라도 꾸는지 평온한 얼굴이었다. 이게 얼마 만에 느껴보는 평화인지….

MR SEAGAL
zain
Top Up Here
zain
PHOTOCOPYING
DONE HERE

TODAYS MENU

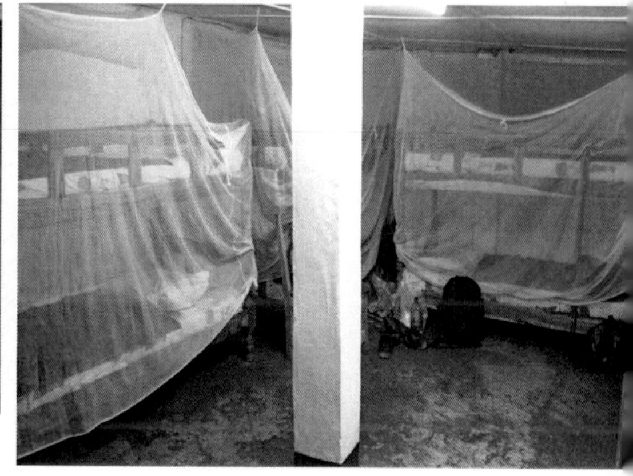

어젯밤에는 며칠간 제대로 된 밥을 먹지 못한 배고픔과 해가 지고 난 후의 불안함으로 폭발 직전이었다. 탄자니아 잔지바르 섬으로 들어와 차를 렌트해 달리는 잠깐은 좋았는데 숙소를 구하지 못했을 때의 초조함에 점점 말이 없어졌다. 관광객이 하나도 안 보이는 한적한 해변 근처를 달리면서 이러다가 생각지도 않게 차숙을 하게 되는 건 아닌가 싶었다. 중간중간 아름다운 방갈로들이 눈에 보이기는 하는데 가격이 비쌀 것 같아 들어갈 엄두를 못 내고 있었다. 그러다 문득 아침 포함 98불이라는 문구가 눈에 들어왔다. 보통 롯지에서 묵는 도미토리 가격보다는 비싸지만, 아침도 주고 무엇보다 주변 경관이 아름다워서 그냥 묵기로 했다. 게다가 인터넷과 빨래가 공짜라니!

숙소에 들어오자마자 레스토랑 이용이 가능한지 문의하니 시간이 늦기는 했지만 기다려 주겠다고 했다. 서둘러 샤워 후 저녁을 먹었다. 숙소를 구한 것만으로도 다행이다 싶은데 정갈한 레스토랑에서의 저녁 식사까지. 거기다가 탄자니아 맥주까지 한잔하고 나니 세상이 아름다워 보였다. 그동안은 동전 하나까지 계산하고 깎으려 했는데 긴장이 풀리면서 레스토랑에서의 식사비 따위는 하나도 아깝지 않았다.

피곤한 상태에서 간만에 맥주까지 마셔 오랜만에 푹 잠을 잤다. 시간에 늦을세라 서둘러 씻고 숙박비에 포함된 조식을 먹기 위해서 레스토랑으로 향했다. 레스토랑에 들어서자 기다렸다는 듯이 바로 음식이 나왔다. 호텔식 뷔페는 아니지만, 스크램블드에그와 각종 과일과 주스 등 제법 격식 있고 다양한 아침이 나왔다. 잠비아에서 시꺼멓게 탄 티본스테이크를 손으로 뜯어 먹었던 일이 떠올랐다. 어제 기분이 좋아 팁을 두둑이 주었던 종업원은 더 다정스레 우리를 대했다. 레스토랑에 손님이 없길래 우리가 제일 마지막이냐고 물어보니 리조트에 손님은 둘 뿐이라고 했다. 우리를 위해서 주방장과 서빙하는 아가씨가 출근한 것이었다. 그 이야기를 들으니 황송했다. 리조트에 발을 디딘 순간부터 마치 무슨 마법에 걸린 것 같았다. 어제는 30시간 이동하느라고 꾀죄죄한 거지 같은 배낭 여행자였는데 오늘은 왕자와 공주가 된 것 같았다. 친절한 서브를 받으며 여유롭게 아침을 먹었다.

리조트 바로 앞은 바다였다. 썰물이어서 저 멀리 물이 빠져 있었고 부지런한 원주민들이 바닷가에서 조개를 줍고 있었다. 바다는 눈부시고 찬란했고 낮의 리조트는 더 우아했다. 해가 뜨거워지기 전에 서둘러 수영복으로 갈아입고 바다에서 놀았다. 사진 찍고, 조개 줍고, 사람들 구경하고, 지나가는 장사꾼에게 예쁜 목걸이도 사서 걸고, 더우면 리조트로 들어와 그늘에서 쉬면서 점심나절을 여유롭게 보냈다.

오후에는 차를 가지고 섬을 한 바퀴 둘러보러 나섰다. 섬을 반대 방향으로 돌아서 스톤타운까지 다녀왔다. 잠시 들른 아름다운 해변에서 동네 아이들과 사진을 찍고 놀기도 했다. 잔지바르 내에도 유명한 식당이 몇 곳 있었지만, 저녁을 먹기 위해서 호텔로 돌아왔다. 우리만을 위해서 문을 연 레스토랑에서 저녁을 보내고 싶었기 때문이었다. 어제처럼 셰프와 서빙하는 아가씨가 반겨주었고, 고급스러운 저녁을 먹고 넉넉하게 팁도 남겼다. 저녁을 먹고 나니 리조트 한가운데 모닥불이 피워져 있었

다. 모닥불 옆에는 폭신한 소파가 있었고, 이것 또한 우리 둘을 위해 준비해준 것이었다. 달랑 두 명뿐인데 이렇게 황송한 대접을 받아도 되나 싶었다. 모닥불 앞에서 이야기를 나누며 맥주를 마셨다. 잔지바르 또한 죽기 전에 꼭 다시 와야 하는 백설탕의 여행 리스트에 고이 모셔 두었다.

약육강식의 마사이마라

사자 왕의 은밀한 사생활

세렝게티 하면 푸른 초원에서 사냥하기 위해 전력 질주하는 사자의 이미지가 먼저 떠오른다. 초원 위에 쫓고 쫓기는 냉정한 야생의 세계. 드디어 그것을 보러 케냐 나이로비에 도착했다. 예약한 지프차는 우리 이외에도 4명의 여성(미국, 스웨덴, 케냐인 2명)을 더 태운 후에 나이로비에서 200㎞ 이상 떨어져 있다는 마사이마라 국립공원을 향해서 달렸다.

마사이마라는 남아공에서 짐바브웨까지 올라오면서 들렀던 국립공원들보다 훨씬 시야가 탁 트인 초원지대였다. 들어서자마자 마음의 준비도 안 된 상태에서 수십, 수만의 동물 무리와 마주했고, 마치 TV에서 튀어나온 듯 비현실적이었으며, 바로 눈앞에 있다는 사실을 믿기 어려울 만큼 웅장하고 아름다웠다. 평온한 모습으로 풀을 뜯고 있는 영양과 얼룩말 사이를 가이드는 능숙한 운전 솜씨로 지나쳤다. 이렇게 가까이에서 얼룩말 엉덩이를 구경한 적이 없어 흑설탕과 나는 미친 듯이 셔터를 눌러댔다. 오히려 동물들은 관광객을 태운 지프차가 익숙한 듯 자연스럽게 받아들이고 있는 듯했다.

영양과 얼룩말이 사이좋게 지내는 초원을 지나 달리니 곧 거대한 코끼리 가족을 만날 수 있었다. 어른 코끼리 사이로 새끼 코끼리가 보였고, 가장 작은 새끼 코끼리도 웬만한 성인 남성보다 컸다. 가이드는 차량을 좌우로 솜씨 좋게 돌려서 코끼리를 더 자세히 볼 수 있게 해주었는데 너무 가까이 다가가자 어른 코끼리가 아기 코끼리를 보호하는 것이 역력했다. 화가 나서 달려든다면 지프 차량을 뒤집고도 남을 것 같아서 일행들은 사진을 찍다 말고 긴장하기도 했다.

갑자기 무전기에서 시끄러운 소리가 들리고 차가 서둘러 달리기 시작했다. 급박한 일이 벌어지고 있는 것 같았다. 초원을 가로 지르는 사이 초식동물들이 달리는 모습도 보였다. 서두르는 모습으로 보아 먹이사슬 상위에 있는 포식자를 피해 달리는 것 같았다. 사자 왕의 멋진 사냥 모습을 볼 수 있는 것은 아닐까 싶어 가슴이 뛰었다. 막상 도착하니 분위기는 차분했고 많은 투어 차량들이 무언가를 구경하고 있었다. 다른 차들을 가로질러서 가이드는 잘 보이는 곳에 차를 세웠다. 그의 능숙한 운전 솜씨와 탁월한 위치 선정 포인트에 일행은 감탄했다.

사람들이 보고 있는 것은 기대한 대로 사자였다. 그러나 사냥하는 긴박한 모습은 아니었다. 넓은 초원을 배경으로 수놈과 암놈 한 쌍이 앉아 있었다. 둘이서 얼굴을 핥아주고 다정하게 굴더니 곧 분위기가 야릇해졌다. 교미하는 것이었다. 가이드 설명에 의하면 사자는 교미를 하면 한 번에 서너 번 정도 한다고 했다. 사자 왕의 교미 소식을 무전으로 전해 듣고 서둘러 달려온 것이었다. 내년 이맘때쯤 다시 마사이마라를 찾으면 새끼 사자들을 많이 볼 수 있을 거라고 했다. 커다란 초원을 침대 삼아 다정한 사자 부부의 애정 행각을 보고 있노라니 괜스레 볼이 발그레해졌다. 케냐의 아름다운 자연이 잘 보존되어 사자 커플이 알콩달콩 백년해로했으면 좋겠다.

원숭이에게 '삥' 뜯기다

2일 차 투어는 새벽같이 시작되었다. 동물들은 아침 기상을 마치고 분주히 움직이고 있었다. 햇빛이 비치는 마사이마라 국립공원을 신나게 달리는 동안 무수히 많은 영양과 얼룩말과 누의 무리를 봤다. 거대한 무리들이 이동하는 모습은 말 그대로 장관이었다. 마사이마라가 떠오르는 해와 함께 시시각각 다른 색으로 물들어가는 모습 또한 글로도 사진으로도 표현하기 어려운 감동이 있었다.

수많은 동물을 보면서 마라 강까지 이동했다. 강가에 차를 세우고 걸으면서 강가의 하마 가족들을 구경했다. 물속에 반쯤 들어앉아 반신욕을 즐기는 녀석도 있었고, 물 밖으로 나와 일광욕을 즐기는 녀석도 있었다. 가장 인기가 좋은 건 새끼 하마였다. 포동포동한 엉덩이를 내놓고 장난치는 모습이 귀여웠다. 마라 강 근처에는 악어 가족도 살고 있었고, 원숭이 가족들도 있었다.

슬슬 배가 고파질 때쯤 점심을 먹기 위해 휴게소에 도착했다. 작은 화장실이 있고 그 주변으로 공터가 있어서 돗자리를 깔고 앉을 수가 있었다. 각국의 사람들이 이미 자리를 잡고 점심을 먹거나 휴식을 취하고 있었다. 휴게소를 이용하는 것은 사람들만은 아니었다. 이름 모를 새들과 화려한 컬러를 가진 특이한 원숭이가 식사하는 사람들 주변에 몰려들어 있었다.

일찍 나온 탓에 배가 고파서 서둘러 돗자리를 깔고 가이드가 나눠주는 도시락을 받아 들었다. 어떤 음식이 들었을지 기대하면서 포장지를 펼치고 있는데 샌드위치, 과일, 음료 등을 꺼낼 때마다 슬금슬금 주변으로 원숭이들이 몰려들었다. 쳐다보는 녀석들이 귀여워 조금씩 먹을 것을 던져주었는데 얌전히 받아먹는 놈이 있는가 하면 몇 놈은 심상치 가 않았다. 보통은 두 손 모아 예쁜 척하며 "주세요." 자세를 취하는 것이 얻어먹는 동물의 기본자세 아닌가. 그래도 줄까 말까인데 싸온 것들이 뭔지 둘러보는 모양새가 "맛있냐? 맛있는 거 있으면 같이 좀 나눠 먹자." 하며 달려들어 뺏어갈 듯했다. 그래도 설마 건드리지는 않겠지 하면서 경계도 하지 않고 이것저것 꺼내 놓고 먹고 있는데 갑자기 뒤에 앉은 아일랜드 애가 꺅 소리를 질렀다. 옆에 놓은 샌드위치 반쪽을 불량해 보이는 원숭이가 홀랑 집어가 버린 것이었다. 샌드위치를 들고 근처 나무로 올라간 원숭이는 한두 번 해본 솜씨가 아닌 듯 둘러싼 얇은 비닐을 휘리릭 벗겨서는 우리 쪽으로 팩 집어 던지고 약 올리듯이 맛있게 먹었다. 순식간에 샌드위치를 뺏긴 것도 억울한데 원숭이 하는 짓이 얄밉고 어이가 없어서 마주 보고 어색한 웃음을 웃었다.

원숭이 중에서는 갓 태어난 새끼를 안고 있는 어미도 있었는데 어미의 한쪽 눈엔 상처가 있었다. 던져주는 먹이를 받아먹는 와중에도 새끼를 꼭 끼고 있는 모습이 안쓰러워서 자꾸 어미 원숭이에게 이것저것 던져주게 되었다. 다른 일행들이 먼저 식사를 하고 떠나버리자 주변에는 큰놈, 작은놈 할 것 없이 열대여섯 마리 가까운 원숭이들이 진을 치고 있었다.

그런데 아까 그 깡패 원숭이가 한눈을 파는 사이에 앞에 놓은 음식을 계속 강탈했다. 잽싸게 바나나도 집어가고 음료수도 빼앗아가서는 빨대로 쪽쪽 잘도 먹었다. 돗자리에 옹기종기 앉은 여자 넷이 만만한 듯 저리 가라고 위협을 해도 한 발 뒤로 물러서기만 할 뿐 무서워하는 기색이 없었다. 뒤에 앉아 있는 덩치 큰 가이드나 흑설탕이 막대기를 들고 "훠어이~" 하고 쫓아야만 나무 위로 올라가거나 몇 걸음 도망가는 기색을 보였다. 참으로 분했다.

먹을 것이 점점 동이 나니 극에 달한 깡패 원숭이는 이젠 손에 든 것도 뺏을 기세였다. 바로 앞에 버티고 앉아서 돗자리 안까지 들어오려는 것이었다. 어이없어서 내가 주변에 있던 막대기를 들고 휘두르면서 "훠어이~" 하고 소리를 지르니 이놈이 한쪽 손을 들고 때릴 기세로 "확~!" 하고 소리를 지르며 위협을 했다. '기.가.막.혀.' 순간 돗자리에 앉은 여성 일행은 원숭이의 도발에 놀라 다 같이 소리 지르며 벌떡 일어나고야 말았다. 결국, 그 틈에 돗자리에 남아있던 후식인 과일마저 강탈당하고 말았다. 생전 원숭이에게 무시당하고 '삥' 뜯기기는 처음이라 어이없고 자존심이 상했다.

아디다스를 신은 마사이마라족

마사이족 투어를 위해서 기다리는데 멀리서 빨간 망토를 두른 청년들이 걸어오고 있었다. 빨간색은 그들을 더욱 건강하고 활기차게 보이게 했다. 그런데 그 당당한 모습에서 뭔가 이질적으로 튀는 것이 있었다. 새로 산 것임이 틀림없는 뽀얀 아디다스 운동화를 신고 있던 것이었다. 과거와 현재의 조화라고 해야 하나. 검붉은 컬러에 화룡점정과 같은 흰 운동화가 묘하게 어울렸다.

그들을 따라 마을로 걸어가니 흙으로 벽을 만들고, 짚이나 나뭇가지로 지붕을 이어놓은 것이 한국의 초가집과 비슷한 느낌이었다. 마을 중앙에 모여 간단한 소개 후 마을 청년들이 사냥할 때 춘다는 춤을 보여주었다. 춤은 리듬을 타면서 위로 뛰어오르는 것이었는데 아프리카 특유의 리듬감에 힘까지 더 해지니 왕성한 혈기가 느껴졌다. 춤이 탄력을 받자 그들은 발목에 스프링을 단 듯 더 높게 점프를 하면서 튀어 올랐다. 저렇게 뛰면 힘이 빠져서 사냥을 어떻게 할까 싶었다. 그들을 따라 점프를 했지만, 발목에 무리가 갔고, 그들만큼 점프하는 것은 불가능했다. 아이들이 재미있다는 듯이 관광객들의 어설픈 춤을 구경했다.

다음 순서로 실제 사는 모습을 보여준다며 집안으로 안내했다. 전통적인 방법으로 불 피우는 것도 보여주고 사는 모습을 자세히 설명해주었다. 자연스레 일행이 흩어졌다. 각개 전투로 분위기가 바뀌자 아까와 태도가 달라졌다. 집 짓는 법을 설명하던 마사이족 청년이 방안에 걸려있는 망토가 이쁘다고 하자 싸게 줄 테니 사라고 했다. 흑설탕에게는 사자의 이빨로 만든 목걸이가 이쁘지 않냐고 하면서 원한다면 싸게 주겠다고 했다. 같은 일행인 스웨덴 아가씨와 미국 아가씨는 부담스러움에 팔찌를 하나씩 샀다. 물건을 팔지 못한 청년들은 더욱 집요하게 달려들어 짜증이 났다.

그런데 갑자기 밖에서 누군가가 헐레벌떡 달려와 소리를 질렀다. 서두르는 모양새가 각본에 없는 급한 일이 생긴 모양이었다. 할아버지를 따라가는 마을 청년들이 우르르 몰려가니 우리도 함께 따라갔다. 나무로 둘러놓은 담벼락 안에 소가 누워있었다. 임신한 소가 난산인지 커다란 숨을 내뿜으며 몹시 괴로워하고 있었다. 이미 양수가 터져 다리 사이로 흥건하게 물이 고여있었다. 소의 상태를 살피던 청년들이 갑자기 소의 배를 누르기 시작했다. 자연적으로 새끼가 나오기는 힘든 상황이라고 판단한 모양이었다. 소가 괴로움에 신음하며 요동을 쳤고 커다란 배가 꿀렁거리며 심하게 꿈틀댔다. 서너 명의 청년들이 돌아가면서 소의 배를 찍어 눌렀다. 사람도, 소도 모두 땀 범벅이 되어 뱃속에 새끼를 내보내려고 안간힘을 썼다. 갑자기 배가 요동치더니 투명한 태반에 쌓인 송아지가 쑥 밀려 나왔다. TV 프로그램을 통해서 동물의 출산 장면을 본 적이 있기는 했지만 직접 보니 놀라움 그 자체였다. 청년들은 민첩했다. 송아지의 상태를 체크하더니 탯줄을 잘라냈다. 출산 시간이 길어 기운이 없어 보이기는 했지만, 다행히 송아지와 어미 소 둘 다 문제가 없는 것 같았다. 송아지의 출산 덕분에 강매로 인해 냉소적이었던 마음이 다소 풀렸다. 아디다스를 사 신으려면 투어 입장료만으로는 힘들겠지 하고 마음이 너그러워졌다.

생명탄생의 신비

마사이마라 투어 마지막 날 초원을 한창 달리고 있는데 무리에게서 혼자 떨어져 앉아 있는 영양 한 마리가 보였다. 동물적 감각이 발현된 것인지 가이드는 속도를 줄이며 영양의 근처까지 조심스레 차를 몰았다. 인기척이 느껴질 만큼 무척 가까이 다가가는데도 도망가지 않고 같은 자리를 빙빙 돌면서 안절부절못하고 있었다. "다친 건가? 왜 그러지?" 하며 우리끼리 수근대니 가이드는 목소리를 낮추라는 신호를 보내면서 저쪽을 보라고 했다. 우거진 수풀 속을 눈으로 헤집으며 열심히 살피니 땅에 엎드려있는 동물이 보였다. 가이드가 나지막이 새끼를 낳은 것 같다고 했다. 그제야 영양의 엉덩이에 선명한 핏자국이 눈에 들어왔다. 새끼 영양은 생각보다 제법 큰 사이즈여서 방금 뱃속에서 나온 것이 맞나 싶었다.

어미는 차량이 부담스러웠는지 안절부절못하다가 더 가까이 오지 않는 것을 확인하고 새끼 옆에 자리 잡고 지켜보고 있었다. 새끼는 전혀 움직일 기미가 없었다. 털도 채 마르지 않은 상태였다. 어미는 새끼에게 다가가 냄새도 맡아보고 주둥이로 밀기도 했다. 무슨 문제가 있는 건 아닌지 걱정이 되었다.

문득 꿈틀거리는 느낌이 들더니 어미를 향해서 번쩍! 머리를 들었다. 이어서 온몸에 힘을 주더니 앞다리를 쭉 폈다. 그 기세를 몰아 뒷다리에 힘을 주면서 일어나려고 애를 썼다. 그러나 몇 번이나 바닥을 디디고 서려 했지만, 뒷다리까지 힘이 들어가지 않는 모양인지 엉덩이만 들썩거릴 뿐이었다. 너무 안타까웠다. 하지만 어린 생명은 결코 약하지 않았다. 곧 어깻죽지에 힘을 주고 벌떡 일어났다. 영양의 다리는 무척이나 가냘팠지만 길고 우아했다. 작은 환호성이 나왔다. 한번 일어서는 것이 힘들었지 일어서고 나니 모든 게 자연스러웠다. 곧 새끼 영양은 엄마의 뒤를 따라 무리 속으로 따라 들어갔다.

온종일 공원을 돌며 동물 가족들을 만났다. 진흙 목욕을 마치고 집에 가는 멧돼지 가족과 마주쳤다. 새끼 멧돼지 네 마리가 어미를 잃어버릴 세라 하이힐을 신은 발로 종종걸음을 쳤다. 토실토실한 엉덩이에 웃음이 절로 나왔다. 나무 그늘아래 자리 잡은 어미 기린과 새끼도 보았다. 우아한 긴 목과 다리를 가진 엄마와 달리 새끼는 꺼벙한 느낌이라 귀여웠다. 태어난 지 얼마 안 된 듯 작고 여린 모습이었지만 금세 엄마처럼 크고 단단해지리라. 또 이동하는 코끼리 가족도 보았다. 어른 코끼리가 선두에 서고, 그 뒤에 새끼 코끼리들이 줄지어 있는데 너무 앞서거나 처지지 않도록 연신 새끼를 토닥토닥거리고 있었다. 평화로운 자연 속에서 삶을 영위하는 그들 모두 건강히 오래오래 행복하길. 언젠가 우리도 아이와 함께 다시 아프리카에 올 수 있길 기도했다.

어디까지 가봤니?_ 유럽

- 기간: 약 90일
- 여행지: 프랑스, 스페인, 스위스, 이탈리아, 그리스, 독일, 오스트리아, 영국, 체코, 불가리, 헝가리, 루마니아, 터키 등
- 이동: 자동차 리스 + 텐트를 이용한 캠핑

한국인의 흥과 정

우여곡절 게스트하우스 가는 길

세 시간째 같은 곳을 빙빙 돌고 있었다. 분명히 게스트하우스까지는 20분이면 충분하다고 했는데 어디가 어딘지 도저히 알 수가 없었다. 파리 시내의 복잡한 차량과 눈에 들어오지 않는 프랑스 표지판이 복병이었다. 분명히 차량 인도장에서 숙소 위치를 설명 들을 때는 가깝고 쉬운 길이었는데 막상 길 위에 서니 뭐가 뭔지 하나도 알 수가 없었다. 아프리카의 허허벌판을 달릴 때면 이정표를 만나는 것이 반갑더니 도시의 복잡한 이정표는 오히려 헤매게 하고 있었다. 내비게이션을 빌리지 않은 것을 후회했지만 이미 늦었다. 앞뒤로 빵빵거리는 차량 속에서 어디로 가는지도 모른 채 일단 계속 달려야 했다.

비슷한 곳을 계속 빙빙 도는 느낌으로 두어 시간을 더 헤매었을까? 구세주처럼 까르푸 표지판이 보였다. 한국에서 보던 그 익숙한 로고가 어찌나 반갑던지. 일단 내비게이션을 사기로 하고 기쁜 마음에 서둘러 들어갔다. 까르푸 내부는 한국과 크게 다르지 않아 전자제품 코너에서 내비게이션을 쉽게 찾을 수 있었다. 그런데 한국이라면 고객이 매장에 들어서자마자 서너 명의 직원이 벌써 말을 걸어왔을 텐데 다들 바쁜척하면서 신경도 쓰지 않는 것이었다. 물건 정리를 하는 직원에게 "익스큐

즈 미."를 날리자 깜짝 놀라는 얼굴을 하더니 인상을 쓰면서 못 들은 척을 했다. 그런데 대접은 현지 프랑스인도 마찬가지인 것 같았다. 다른 프랑스인 가족들도 직원을 불렀는데 그는 심드렁한 표정으로 짧은 답변을 하고는 사라져버렸다.

앞을 스쳐 가는 직원에게 잽싸게 영어로 말을 거니 다른 직원을 손짓했다. 그러나 그 직원 앞에는 질문하거나 도움을 요청하는 손님 서너 명이 줄을 서 있었다. 그를 기다리기를 20분. 그에게 요청해서 내비게이션을 받기까지는 30분이 더 걸렸다.

더 이상 지체할 시간이 없었다. 서둘러 계산하려고 줄을 섰다. 계산하는 점원도 한 명뿐이라 앞에 여섯 팀이 서 있고 뒤로 계속 줄이 늘어나고 있었다. 드디어 우리 차례가 왔다. 물건을 올리고 어떤 카드로 계산할지 고민하고 있는데 계산하는 직원이 물건과 계산대 화면만 보면서 프랑스어로 이야기했다. 카드가 안 된다는 건가 싶어서 현금이 있나 지갑을 뒤지고 있는데 머리를 흔들고 언성을 높이면서 같은 말을 무한 반복했다. 흑설탕이 계속 뭐가 문제냐고 영어로 묻고 제스처를 취해도 프랑스어로만 시끄럽게 떠들 뿐이었다. 못 알아듣는 것 같으면 보디랭귀지라도 쓰던지 영어를 하는 직원에게 도움이라도 받던지. 일방적이고 무례한 태도에 어이가 없었다. 카운터가 이렇게 소란하고 진도가 안 나가는데도 도와주러 나서는 사람이 없었다. 그런데 갑자기 성질이 난 흑설탕이 한국말로 크게 소리를 쳤다.

"네가 프랑스어로 말하면 우리가 어떻게 알아듣니? 너만 너희 나라말 할 줄 알아? 나도 한국말 할 줄 알아, 이 사람아!"

영어도 아닌 낯선 언어가 이상했는지 여자가 흠칫 놀라며 흑설탕을 쳐다봤다. 나도 흑설탕의 돌발 행동에 놀라서 그를 쳐다봤다. 그런데 갑자기 그녀가 카드로 계산하는 것이었다. 기계에 카드를 쓱 긁고 흑설탕이 사인하기까지 1초도 안 걸린 것 같았다. 결제 마친 카드와 영수증을 잽싸게 건네받은 흑설탕은 또 그녀에게 한마디 했다.

"진작 그럴 것이지!"

공항 출국장을 빠져나온 지 거의 10시간 만에 민박집을 찾아 들어갔다. "안녕하세요!" 하는 인사와 구수한 된장찌개 냄새에 저절로 긴장이 풀렸다. 식당에서 설거지하던 아주머니가 저녁 안 먹었으면 밥부터 먹으라고 했다. 그제야 아침에 라면을 먹은 것이 마지막이라는 게 생각이 나서 감지덕지하며 저녁을 먹었다.

어색한 한국인, 한국말

아프리카에서 서너 명의 동양인을 본 게 전부였는데 한국사람들이 많은 곳에 오니 이상했다. 그동안은 한국어로 이야기해도 듣는 사람이 없어 편했는데 말도 조심스럽고 시선이 의식되는 것이 불편했다. 한국인과 한국말이 어색하리라고는 생각도 못 했던 일이었다.

아침 7시에 번쩍 눈이 떠졌다. 어젯밤에 방에서 요란한 술자리가 벌어져서 시끄러워 잠을 잘 못 잤는데도 부엌에서부터 솔솔 올라오는 밥 냄새에 눈이 절로 떠졌다. 서둘러 옆의 남자 방에 흑설탕을 깨우려고 뛰어들어갔다. 여자 목소리가 들리니 자던 다른 손님들이 놀라며 한꺼번에 일어났다. 팬티만 입고 자던 아저씨는 잽싸게 이불을 덮고, 배를 내놓고 자던 청년은 등을 돌렸다. 아차! 남녀 상관없이 막 드나들던 혼성 도미토리가 익숙해서 나도 모르게 남자 방을 불시에 침범했다. 죄송하다는 말을 하고 얼른 뛰어나왔다. 유럽 애들과 같이 쓰던 혼성 도미토리에서 종종 보던 남자 팬티와 남자 뱃살인데 유독 한국인끼리는 더 부끄럽고 남세스럽다.

기다리던 아침은 10분 만에 간단히 끝났지만 푸짐한 한식을 두 그릇씩 먹고 둘 다 기분이 좋아졌다. 거실에 앉아 유럽 캠핑 정보를 찾고 그간 못 본 드라마 '선덕여왕'을 다운로드받으려고 노트북을 켰다. 역시 WIFI가 초고속이었다. 해가 지고 딱히 할 일 없을 때 침대에 나란히 앉아서 보는 선덕여왕은 재미도 있었지만, 향수병에 걸렸을 때는 한국에 있는 듯 위로가 되었다. 인터넷 사정이 안 좋은 아프리카에서는 다운로드만 서너 시간이 걸리기도 해서 여러 편을 못 보고 있었는데 십 분여 만에 여섯 편이 다운로드 됐다. 신나서 받은 김에 앉아 드라마를 보기 시작했다. 짧은 일정으로 파리에 온 사람들 대부분은 아침을 먹고 우르르 시내 관광을 나섰고, 어젯밤에 우리 방에서 술판을 벌였던 파리 유학 온 여학생들 몇몇만이 민박집에 남아서 책을 읽거나 인터넷을 하고 있었다.

드라마를 보다 보니 서너 시간이 금방 지났다. 같이 아침을 먹은 사람들이 관광하러 나가거나 거실을 오갈 때마다 몇 시간째 같은 자세로 앉아서 드라마를 보고 있는 우리에게 말을 걸어왔다.

"어디 안 나가세요?"

"네, 오늘은 좀 쉬려고요."

대답하니 이상한 눈으로 쳐다봤다. '여행 와서 게스트하우스에서 쉬다니. 이상한 사람들이야.'라고 하는 듯했다. "뭐 하세요?"라는 질문에 "드라마 봐요."라고 하면 더 이상한 눈길이 돌아왔다. '미쳤나 봐. 파리에 와서 드라마를 보다니. 이 아까운 시간에!' 더블룸이 꽉 차서 각각 남, 녀 도미토리에 묵는 우리가 같이 있을 곳은 거실뿐이라 오가는 사람들의 눈에 뜨인 건 당연하지만, 많은 사람들이 말을 걸어주고 아는 체를 하는 게 오랜만이라 참 어색했다.

점심이 되자 거실과 마주한 식당에서 몇몇 사람들은 라면을 끓여 먹는다거나 빵을 먹는다거나 하면서 분주히 오갔다. 그때까지 드라마를 보고 있는 우리를 보면서 다들 점심 안 먹느냐며 또 한마디씩 했다. 보는 사람마다 같은 질문을 하니 상당히 부담스럽고 귀찮았다. 아직 아프리카의 여독이 풀리지 않아 며칠 여유롭게 쉬고 싶었지만, 내일은 그냥 동네라도 어슬렁대야 할 것 같았다. 사람들의 관심이 피곤했다.

한국인의 흥과 정

여행 온 사람들 모두 한낮의 투어를 마치고 저녁을 먹으러 속속 귀가하기 시작했다. 물가가 비싼 파리인 데다가 환율이 높아 대부분 게스트하우스에서 먹는 모양이었다. 저녁을 먹으면서 서로 소개를 하고 이야기를 나누는데 갑자기 누군가가 와인을 들고 왔다. 이렇게 만난 것도 인연인데 건배를 하자며 마시던 물컵에 와인이 채워지고 식당은 갑자기 와인바가 되었다. 감질나게 목을 축이던 와인이 떨어지니 누군가가 맥주를 가지고 왔다. 와인 잔에 다시 맥주가 채워지고 와인바는 호프집이 되었다. 저녁 자리는 자연스럽게 술자리가 되고 연령대가 다양한 십여 명의 여행자들이 거의 모두 식당에 모였다. 한 달간 스페인을 도보로 성지순례를 하고(까미노 델 싼띠아고), 파리를 마지막 일정으로 한국으로 돌아간다는 부부와 유학 와서 집을 구하느라 잠시 머물고 있는 파리 유학생들, 휴가를 이용해 여행 온 회사원들, 방학을 이용해 여행 온 대학생들까지 파리에 있다는 인연으로 대화가 즐거웠다. 간만에 많은 사람들과 수다를 떨다 보니 아프리카에서 오랫동안 둘이서만 지냈던 게 오히려 생경하게 느껴졌다. 밤늦게까지 이어진 수다와 술자리에 인원은 점점 늘어나고 밤새워서 수다를 떨었다. 맥주가 채워진 잔에는 소주가 채워졌고 마지막에는 양주를 채웠던 것 같다. 우리 가족은 대표로 흑설탕이 마지막까지 자리를 지켰다.

이틀 동안 잘 쉬었기에 다음날부터 에펠탑이며 몽마르뜨 언덕, 샹젤리제 거리, 루브르 박물관 등 일정이 맞는 사람들과 삼삼오오 짝을 지어 파리 시내 관광도 부지런히 하고, 성지순례를 오신 시부모님 연배의 부부와 함께 파리에서 좀 떨어진 베르사유 궁전을 구경하러 가기도 했다. 또 파리에서 오래 사셨다는 언니의 도움을 받아 3개월 동안의 캠핑 준비를 했다. 캠핑용품을 파는 대형매장에 들러서 텐트와 버너, 코펠을 사고 한인 마트에 들러서 식재료도 샀다. 그리고 밤이면 사람들과 모여서 술을 마시면서 수다를 떨었다. 그사이 많은 사람들이 오갔지만 떠나는 사람들과는 다음을 기약하고 새로운 사람들과는 인사를 나누었다.

예정했던 일주일이 금방 지났다. 다시 길을 떠나기 위해서 아침부터

수선스럽게 떠날 채비를 하는데 짐 위에 쪽지가 하나 놓여있었다. 파리 유학 2년 차로 살 집을 다시 구해야 해서 잠시 민박에 머물던 학생인데 떠나는 것을 알고 집을 구하러 나간 사이에 얼굴을 못 보고 헤어질 것 같다면서 쪽지를 남긴 것이었다. 파리에 혼자 공부하러 온 그녀의 용기가 부럽던 나와 결혼하고 남편과 여행 온 나의 용기가 부럽던 그녀는 서로의 이야기를 들어주며 금방 정이 들었다. 짧은 만남이지만 많은 이야기를 나눈 게 즐거웠고, 배운 게 많았다며 기회가 되면 다시 만나면 좋겠다고 적혀 있었다. 오랜만에 보는 손편지에 가슴이 찡해왔다.

점심때가 다 되어 숙소를 나서려는데 식당에서 파리에 사는 언니와 성지순례를 온 중년 부부가 점심을 준비해 놓으셨다. 그 마음이 감사하고 짧은 시간이었지만 정이 들어 아쉬웠다. 그들 덕분에 마치 집에 있었던 듯 편안하고 좋은 시간을 보냈고 민박집을 떠나오는 길이 외롭지 않았다. 아직도 페이스북으로 소식을 나누고 어떤 이들은 한국에서 만나기도 하는 등 여행의 인연은 현재 진행형이다.

캠핑 홀릭

어리숙한 첫 캠핑

파리를 벗어나서 외곽으로 나오니 답답하던 도시의 하늘이 아닌 맑고 청명한 시골의 하늘이 나왔다. 기분 좋은 창밖의 풍경을 보고 있으니 한인 민박에서 차를 몰고 나올 때의 아쉬운 마음이 이내 홀가분한 기분으로 바뀌었다. 드디어 유럽 캠핑이 시작된 것이었다.

사실 생각했던 것만큼 파리가 그리 좋지 않았다. 가을이라서 비가 오락가락하는 음침한 날씨도 별로이고, 파리하면 생각나는 에펠탑도 멀리서 볼 때는 아름다웠지만 가까이 가니 그저 그런 철골구조일 뿐. 몽마르뜨 언덕과 사크레쾨르 대성당도 이름만 유명했지 막상 가니 장사치들과 관광객들만 들끓는 관광 포인트일 뿐이었다. 게다가 몽마르뜨 언덕을 따라 내려온 뒷골목은 퇴폐스러운 의상을 파는 가게와 업소들이 즐비해서 화려한 이면의 어두운 민낯을 본 듯했다. 그 유명한 파리의 루브르 박물관은 또 어떠한가. 모두 다 남의 나라에서 훔쳐온 도적질의 흔적들이 아닌가. 또한 상젤리제 거리의 명품들과 고급스러운 레스토랑은 배낭 여행자에게는 그림의 떡이었으니 화려하면 화려할수록 우리가 더 초라하게 느껴졌다. 그리고 도착한 첫날부터 무시당한 설움에 크루아상 한 개에 사천 원씩(환율이 굉장히 높았다)이나 하는 파리의 비싼 물가까지, 모든 게 적응하기 쉽지 않았다.

번잡한 시내를 조금 벗어났을 뿐인데 시야가 확 트인 풍경과 깔끔한 시골 동네가 너무 아름다웠다. 작은 마을이라고 하더라도 얼마나 아기자기하게 꾸며놓았는지 각각의 집들은 자기만의 색깔을 내뿜듯 길가로 난 창가며 작은 마당의 정원을 개성 있게 가꾸어 놓았다. 무심한 듯 외곽에 서 있는 교회와 건물 하나하나가 고풍스러운 매력을 뽐내고 있었다. 어쩌면 우리는 이런 자연의 풍경을 그리워하고 있었나 보다. 복잡하고 답답한 서울을 벗어나고 싶어서 떠나온 여행이기에 서울을 닮은 듯한 파리가 싫었는지도 모른다.

생말로까지 가려고 했는데 날이 흐려서 금방 어두워질 것 같았다. 먹구름이 스멀스멀 모여들고 있어서 당장 어디엔가 들어가는 게 좋을 것 같았다. 유럽 캠핑 책자를 뒤적거리면서 찾고 있는데 문득 창밖을 응시하는 내 눈에 거짓말처럼 캠핑 표지판에 눈에 들어왔다. 호들갑을 떠는 내 말에 흑설탕이 긴가민가하며 차를 돌렸고, 'CAMPING'이라는 글자가 눈에 들어왔다. 캠핑장은 작고 한적했지만, 나무로 캠프사이트를 잘 구분해 놓은 데다가 샤워시설과 화장실이 나쁘지 않았다. 무엇보다 5유로(1만 원)라는 너무나 착한 가격에 눈이 휘둥그레지지 않을 수 없었다. 쉽게 찾았는데 가격까지 저렴하여 마치 횡재를 한 기분이었다.

적당해 보이는 장소에 차를 주차하자마자 설레는 마음으로 퀘차의 3초 텐트를 꺼냈다. 펴기만 하면 3초 만에 쳐진다는 무려 전자동 텐트였다. 이미 아프리카 트럭킹을 하면서 무겁고 번거로운 수동 텐트를 20일간 펴고 접어 봤기에 자동텐트에 대한 기대감이 컸다. 케이스에서 꺼내 심호흡을 하고 텐트를 펼쳤는데 너무 간단하게 펴졌다. 사이즈가 작기는 했지만 둘이서 지내는 데는 전혀 문제가 없었다. 오히려 너무 앙증맞고 유럽스러웠다. 바닥에 깔고 자려고 산 매트도 푹신해서 이 정도면 3개월의 캠핑이 문제없을 것 같았다. 매트를 돗자리 삼아 첫 캠핑 저녁을 준비했다. 메뉴는 즉석 밥과 3분 카레로 단출했지만, 저녁을 먹고 여유롭게 커피도 한잔 타서 마셨다. 밤에는 작은 텐트에 도란도란 누워 노트북으로 영화도 보고 앞으로 어디를 갈지 계획도 세웠다. 비록 테이블도 없고 의자도 없이 초라했지만, 캠핑 살림은 필요한대로 차차 구비하면 될 터였다. 별것 하지 않은 날이었는데도 본격적인 캠핑 여행이 시작된다고 생각하니 신혼살림을 차린 것처럼 마냥 즐거웠다.

아름다운 단어 봉수르

"봉수르~!"

캠핑장에서 만난 프랑스인들은 한결같이 우리에게 첫인사를 건넸다. 인사가 익숙해진 우리는 곧 먼저 '봉수르~'를 건넸다.

소박하지만 설렜던 캠핑장에서의 첫날밤 이후 우리는 캠핑에 자신감이 붙었다. 유럽 캠핑여행 책을 이리저리 들춰보다 '오늘은 여기까지 가볼까?' 하고 방향과 숙소를 잡고 달리니 여행이 너무 쉬웠다. 정보가 별로 없는 데다가 이동이 힘들어 고생했던 아프리카에 비하니 천국이었다. 가고 싶은 곳은 너무 많은데 시간상, 거리상 자제해야 한다는 것이 더 힘든 일이었다. 가이드북과 내비게이션만 보고 숙소를 찾는 게 생각보다 쉬운 일은 아니었지만, 헤매다가 막상 숙소를 찾았을 때와 훌륭한 시설의 숙소를 만났을 때의 기쁨이 캠핑 여행의 묘미였다.

프랑스의 아름다운 성들을 구경하며 이동하다가 생말로 근처에서 캠핑장을 찾아 들어갔다. 가이드북에 규모가 크다고 하기는 했는데 멋진 캠핑카들이 많았다. 한국에서도 캠핑카 붐이 불고 있기는 했지만 럭셔리 캠핑카를 자세히 본 적은 없었다. 차 위에 2층으로 텐트가 있는 루프탑 캠핑카, 차 뒤에 캠핑카를 따로 단 형태의 카라반, 대형 럭셔리 캠핑카 등 다양한 형태가 있었다. 그중에서도 창가에 화분까지 예쁘게 내놓은 대형 캠핑카가 맘에 들어 기웃거리면서 구경하고 사진도 찍었다. 데크에 빨래도 널고, 화분도 내놓은 것이 며칠 짧게 머물다 가는 느낌이 아니었다. 머무는 자리의 마당 한구석, 작은 창가도 그냥 두는 법이 없이 가꾸는 그들의 열정과 부지런함이 존경스러웠다.

갑자기 안에서 할아버지가 문을 열고 나오면서 "봉수르~" 하고 인사를 했다. 남의 캠핑카를 대놓고 구경하고 있던 차라 당황해서 "헬로~"라고 답했는지 "봉수르~"라고 했는지 기억도 안 날 만큼 얼굴이 빨개지며 어색하게 돌아섰다. 반대쪽에서 사진을 찍던 흑설탕도 서둘러 인사를 하고는 종종걸음으로 뒤돌아 나왔다. 캠핑카가 너무 멋있다고 엄지라도 번쩍 들어줄걸. 여행한 지 벌써 100일이 되어가도 아직은 초보 여행자 티가 난다.

저녁을 준비하려고 채소 등의 씻을 것을 가지고 취사실에 들렀는데 먼저 안에서 재료를 씻고 있던 남자가 고개를 까딱하면서 반갑게 "봉수르~" 했다. 이번에는 우리도 반갑게 "봉수르~"를 외쳤다. 낯선 사람과 같은 공간에 있는데도 인사를 한번 나누고 나니 어색하지 않았다. 저녁을 먹고 샤워실에 들를 때도 눈이 마주치는 사람들은 모두 다정하게 인사를 했다. 파리에서는 한 번도 먼저 인사를 건넨 사람이 없었다. 인사는 커녕 말을 걸까 봐 도망가기가 일쑤였다. 산에 오르면 마주치는 사람들과 자연스럽게 눈인사를 하는 것처럼, 같은 장소에 여행 온 사람들의 여유일까. 이웃으로 인정해주는 것 같아 기분이 좋았다. 게다가 한국어와 영어로는 표현하기 힘든 프랑스 본토 발음의 깊이와 우아함이란 책에서 보고 외운 '봉수르'와는 전혀 다른 것이었다. 특히 그 단어가 정겨운 미소와 매너있는 태도와 결합할 때의 느낌은 신성하기까지 했다. 그 황홀한 인사에 자신감을 얻은 우리들은 이내 먼저 오가는 사람들에게 "봉수르~"를 외칠 정도로 프랑스 캠핑에 적응하고 있었다.

자연과의 황홀한 조화 고성과 캠핑장

유럽에선 아름다운 고성들을 많이 만나게 마련이지만 어디가 가장 좋았냐고 물으면 주저하지 않고 '몽셀미셀'이라고 답하곤 한다. 여행 후기나 가이드북을 통해 몽셀미셀이 아름답다는 것은 익히 들어 알고 있었지만 길을 되돌아가야 할 만큼 아름다울지 판단이 서지 않았다. 앞으로도 봐야 할 많은 성들이 있었기 때문이었다. 숙박은 하지 않고 성만 구경하기로 하고 차를 돌려 몽셀미셀로 향했다. 이런 곳에 무슨 성이 있나 싶도록 계속 한적한 바다를 끼고 달리다가 내비게이션이 이끄는 대로 들어섰는데 갑자기 확 트인 바닷길이 나오면서 바위섬을 타고 올라앉은 성이 보였다. 마치 콘 위에 아이스크림을 올린 듯도 하고 뱀이 똬리를 틀고 있는 것 같기도 했다. 다가갈수록 정교함과 조화로움에 입이 떡 벌어졌다.

성 밖 주차장에 차를 세우고 멀리서 한참 바라보다가 성안으로 들어갔다. 옛 정취가 남아있는 골목뿐만 아니라 바닷가 풍경을 조망할 수 있도록 꾸며진 우아한 카페며 기념품 가게까지 한참 둘러보고 나서도 떠나기가 아쉬웠다. 결국, 계획을 돌려서 근처에서 하룻밤을 묵기로 했다. 몽셀미셸에서 밤과 아침을 맞이하고 싶어졌기 때문이었다.

가이드북을 뒤적거려 근처에 적당한 캠핑장을 찾아내었다. 성까지 걸어가기에도 거리가 나쁘지 않아서 서둘러 들어갔는데 널찍한 캠프사이트가 시원스러웠다. 해가 지고 다시 밤의 몽셀미셸을 보기 위해서 산책을 했다. 환하게 불을 켜진 성의 야경은 마치 횃불처럼 환하고 영롱했다. 그 모습을 담기 위해 열심히 셔터를 눌렀는데 실력 미달의 포토그래퍼에게도 살포시 담겨줄 만큼 몽셀미셸의 아름다움은 여유로웠다.

캠핑장으로 돌아와서 와인을 마시고 영화를 보며 밤늦게까지 놀았다. 늦게 일어나 텐트 문을 여니 밤사이 비가 내렸는지 풀잎들이 촉촉하게 젖어 어제와 다른 풍경이 펼쳐져 있었다. 젖은 풀잎들 사이로 마실 나온 달팽이들이 텐트를 기어오르고 있었다. 씻고 아침을 먹으려고 풀잎이 가득한 캠프사이트를 걸어 세면실로 갔다. 걸음을 옮길 때마다 발자국을 피해서 무언가가 펄떡펄떡 뛰는데 자세히 보니 청개구리였다. 손톱만큼 작고 선명한 초록색을 띠고 있었다. 한 녀석을 잡아 손바닥에 올리니 흑설탕이 반사적으로 깜짝 놀라며 뒤로 물러났다. 그 모습이 웃겨서 놀려주다가 흑설탕보다 더 놀랐을 작은 청개구리를 풀 사이에 놓아

주었다. 이렇게 예쁜 청개구리를 본 게 언제였는지 잘 기억이 나지 않았다. 서울에서 나고 자라긴 했지만 어릴 적에는 논과 밭에 개구리가 많았다. 초등학교 때 자연관찰 숙제로 청개구리 알을 채취했던 기억도 어렴풋이 났다. 그러나 개발 붐이 불면서 언제부턴가 서울 변두리 동네에서도 청개구리를 보는 것이 쉽지 않은 일이 되었다. 그 많던 청개구리들은 다 어디로 갔을까?

아침을 먹고, 모닝커피 한잔하고 나니 다시 부슬부슬 비가 내렸다. 비 오는 몽셀미셸 풍경 또한 궁금하여 작별인사를 나누러 길을 나섰다. 세 번째 몽셀미셸을 보러 올라가는 길인데도 낮과 밤, 그리고 비 오는 날의 이미지가 모두 달랐다. 물웅덩이에 비친 고즈넉한 풍경의 몽셀미셸은 묘한 여운이 남았다. 이후로는 그 어떤 성도 아름답게 느껴지지 않을 것 같아 걱정스럽기까지 했다. 하지만 뚜르, 앙제 등을 거쳐오며 만난 프랑스의 고성들과 훌륭한 캠핑장은 어디를 가도 실망스러운 법이 없었다. 고성을 잘 보존하는 도시에서 자연을 허투루 놔둘 리가 없기에 캠핑장 시설 또한 최고였다. 낮에는 화려한 고성을 거닐고 밤에는 아름다운 캠핑장에서 프랑스 와인을 마시면서 차츰 캠핑에 익숙해지고 있었다.

SORTIE
EXIT
SORTIE

프랑스 생떼밀리옹에 푹 빠지다

끝도 없이 펼쳐진 포도밭을 보니 이정표가 없어도 생떼밀리옹에 도착했다는 것을 알 수 있었다. 세계 유명 와인 산지에 왔으니 와이너리를 방문해서 구경해보고 싶었다. 큰 샤또는 아니지만 잘 꾸며놓은 농가 느낌의 와이너리가 있어 시음할 수 있는지 물어보러 들렀다. 차에서 내리고 문 쪽으로 다가가는데 뜨거운 햇볕을 피해 그늘에 드러누운 커다란 개는 우리를 보고도 인기척이 없었다. 반쯤 열린 문안에서 소리가 나는 것 같아 노크하고 들어가니 시음을 하고 있는 사람들이 보였다. 인사를 하니 "봉수르~"라고 인사를 하는데 영어가 가능한 것 같지는 않았다. 맛을 보고 싶다는 시늉을 하자 잔에 레드 와인과 화이트 와인을 한 잔씩 따라주었다. 와인에 대해서 많이 알지 못해도 첫맛부터 묵직한 것이 마지막까지 깊이가 있었다. 와인을 마실 때는 편하게 맛보도록 거리를 두긴 했지만, 반응을 진지하게 체크하는 느낌에 브랜드에 대한 자부심이 느껴졌다. 옛날에 사용하던 와인 관련 도구들도 전시되어 있어 조용히 내부도 구경했다. 이후 몇 군데를 더 들렀는데 보르도 지방의 감흥에 취해서인지 어디서 어떤 와인을 맛보아도 맛있었다.

포도밭을 누비며 시음을 하다 보니 생떼밀리옹의 구시가지가 나왔다. 골목을 끼고 옹기종기 모인 가게들은 다양한 현지 와인들과 소품들을 저렴한 가격에 판매하고 있었다. 또한, 야외에 테이블을 내놓은 개성 있는 카페들이 많아 돈 없는 여행자를 유혹하기도 했다. 메인 길을 조금 벗어나면 골목 사이로 예쁜 집들이 모여 있었다. 집 앞의 텃밭에도, 골목 어귀 작은 공터에도 어김없이 포도가 자라고 있는 모습이 인상적이었다. 사람들도 여유가 있어 서울과 같은 시간을 살고 있지만, 훨씬 여유롭게 사는 것 같았다.

포도밭 한가운데 자리 잡은 캠핑장에서 하룻밤을 보내기 위해 들어섰다. 체크인 후 늦은 점심을 먹고 다시 놀러 나가려고 했는데 넓은 수영장에서 와인을 마시는 할아버지, 할머니를 보자 맘이 바뀌었다. 여태 할 일이 없어 처박아 두었던 수영복을 서둘러 꺼내 입었다. 여행 이후 살이 10kg이나 빠진 흑설탕의 수영복 자태가 경이로웠다. 우리가 수영장으로 들어서자 슬로모션으로 즐기던 수영장의 분위기가 2배속이 되었다. 흑설탕은 들어서기가 무섭게 몸에 걸친 수건을 내던지며 풀에 다이빙했다. 천천히 유영하던 할머니가 놀라서 물속에서 고개를 들고, 선베드에서 오후의 낮잠을 즐기던 할아버지가 놀라서 눈을 떴다. 아랑곳하지 않고 무섭게 물을 튀기며 버터플라이를 하던 흑설탕은 물놀이 미끄럼틀에 올라가 요란하게 미끄러져 내려오기도 했다. 구경하던 할머니, 할아버지들이 우스꽝스럽게 물에 빠지는 흑설탕을 보고 같이 웃었다. 합세해서 신나게 물장구를 치며 놀다 보니 시간이 잘도 갔다. 구시가지에서 구매한 와인을 마시면서 할아버지, 할머니들과 해가 질 때까지 수영장에서 놀았다. 보르도의 캠핑장과 와인과 수영이라니. 이보다 더 조화로운 마리아주는 없을 것이다.

Logis de la Cadène
Fabrique
De
Macarons
DEGUSTATION - VENTE
Matthieu Mouliérac

냉전과 휴전 사이

돼지 대신 닭

프랑스 북부의 해안 절경을 보며 연신 감탄을 하고 있었다. 끝자락이라 곧 스페인 땅을 밟게 될 것이었다. 그런데 경쟁적으로 앞질러 가는 질주본능의 자동차들을 보면서 분위기가 아까와는 다르다는 것을 깨달았다. 풍경을 구경하면서 느긋하게 달려도 뒤에 있는 차가 우리를 위협한 적은 없었는데 만나는 차마다 앞질러 가느라 정신이 없었다. 아차, 여기 스페인이로구나. 급한 운전만으로 마치 한국에 있는 느낌이었다. 스페인 사람들이 정열적이면서 다혈질이라 한국사람과 비슷하다는 생각을 했는데 운전 성향 또한 비슷했다. 아프리카에서 만난 많은 유럽사람들 중에서 유독 스페인 친구들과 친해진 것도 이런 성향과 무관하지 않을 것 같았다. 유럽에서 3개월 가까이 달리고 난 후 나라별 특색을 알게 되었는데 프랑스 운전은 양반이고, 스페인은 한국과 비슷하게 급하고 터프했다. 그다음으로 거친 것은 이탈리아, 그리고 최악은 그리스였다. 물론 일반화하긴 어렵지만, 우리에겐 그랬다.

세고비아에서 첫날 밤을 보내기 위해 내비게이션을 보며 열심히 달렸다. 세고비아는 고대 로마 수로와 '애저 요리'라는 새끼 돼지를 통째로 구운 지방 특선요리로 유명하다. 어디를 가나 그 지역에서 유명한 요리는 꼭 먹어보고 싶었고, 캠핑을 하면서 매일 한식을 먹는 것도 지겨워 흑설탕에게 먹어보자고 했다. 흑설탕은 징그럽지 않냐고 신통찮은 반응을 보였다.

구시가지에 들어서니 마을 전체를 관통하는 거대한 수로가 눈에 들어왔고 돌로만 쌓았다는 게 믿어지지 않을 만큼 이음새 없이 정교한 모양에 감탄이 나왔다. 게다가 오랜 역사를 고스란히 간직한 고풍스러운 교회와 성들이 많아 걸으며 구경하기에 좋았다. 골목을 돌며 사진도 찍고, 때로는 교회 앞 벤치에서, 때로는 동네 어귀 놀이터에서 휴식을 취했다.

늦은 오후가 되자 출출해졌다. 구시가지 입구로 돌아오자 맛있는 냄새를 풍기는 레스토랑 쪽으로 자연스레 발길이 옮겨졌다. 새끼 돼지 구이는 어떤 맛일까? 체코의 돼지 족 요리 '꼴레뇨'와 같은 맛일까? 독일식 족발 '슈바인학센' 같은 맛일까? 라는 생각을 하며 애저 요리 식당이 나타날 때마다 기웃거렸다. 흑설탕은 징그럽지 않냐면서 더 둘러보자는 소리만 했다. 처음엔 새끼 돼지라는 말에 망설여지긴 했지만 이미 많은 식당에 관광객이 미어터지도록 들어차고 있는 것을 보니 괜찮을 것 같았다. 한국에서는 영계백숙도 먹는데 새끼돼지는 왜 못 먹느냐고. 하지만 흑설탕은 식당이 다 맘에 안 든다고 핑계를 대면서 들어갈 생각이 없었다. 징그러워서가 아니라 돈을 아끼려는 것 아닌가 하는 생각에 슬슬 화가 났다. 기분 좋게 사진도 찍고, 다정하게 웃으며 다니다가 어느새 거리를 두며 걷고 있었다.

결국 지녁을 안 먹고 다시 캠핑 장으로 돌아왔다. 여행이라는 것이 먹는 즐거움도 큰 건데 언제까지 이렇게 생존만 할 거냐고 따지자 돈이 아까워서가 아니라 진짜 징그러워서 못 먹겠다고 우겼다. 돈이 부족해서 더 여행을 못할 수도 있으니 아낄 수 있을 때 아끼자는 흑설탕과 돈이 떨어져서 일정을 빨리 마무리하더라도 즐길 건 즐기자는 나의 생각은 절충안을 찾기가 쉽지 않아 여행 내내 부딪혔다.

캠핑장으로 돌아오자 아무것도 하기 싫고 짜증이 났지만, 만찬을 즐기려던 아쉬운 마음을 달래줄 무언가가 필요했다. 어제 장을 봐온 닭을 꺼내 손질하고 닭볶음탕을 준비했다. 압력솥이 없어서 푹 삶아지려면 가스 한 통을 오롯이 다 쏟아부어야 했다. 하지만 요리가 다 되기를 기다리면서 나란히 앉아 인터넷을 하고 차를 한잔 마시다 보니 서운한 마음이 진정됐다. 흑설탕도 미안한지 슬금슬금 내 눈치를 보고 있었다. 드디어 다 익은 닭볶음탕을 그릇에 담고 밥을 퍼서 저녁을 먹으려고 자리를 잡았을 때는 화가 풀려 흑설탕이 따라주는 와인을 받아 건배를 했다. 돼지 한 마리 대신 닭 한 마리를 사이좋게 나누어 먹고 언제 그랬냐는 듯이 나란히 앉아 스페인에서의 첫날을 보냈다.

화해의 정석

아빌라의 캠핑장에서 아침을 먹고 이동하려는데 인터넷이 빨라서 그간 연락을 하지 못했던 사람들과 메신저로 대화를 나누었다. 보통 인터넷이 잘되는 곳에 오면 정보를 찾아보기 바빴는데 이미 다음 숙소 예약도 하고, 유럽에서 중동으로 넘어갈 비행기도 예약을 마친 상태라 급할 게 없었다. 간만에 친구들과 여유로운 마음으로 안부를 전하고 생각지도 못했던 절친의 결혼식 소식에 흥분하여 수다가 길어졌다. 시간이 좀 많이 흘렀다 싶어서 흑설탕에게 언제 출발할 거냐 물었더니 퉁명스런 말투로 도대체 언제까지 인터넷만 할거냐고 따지는 거였다. 가자는 말이 없길래 더 있으려나 보다 생각하고 여유를 부렸는데 얘가 언제까지 저러고 있으려나 하고 벼르고 있었던 것이었다. 짜증 섞인 말투가 도화선이 되어 "그럼 가자고 이야기를 하면 되잖아." 하면서 자리를 박차고 일어났다. 불꽃이 튀고 한 차례의 신경전이 오간 뒤 냉전이 시작되었다.

살라망카로 오는 차 안에서도 화해하지 못한 우리는 생각보다 빨리 캠핑장에 도착했다. 평소처럼 잠시 내려 풍경도 보고 점심도 먹으며 쉬엄쉬엄 오는 게 아니라 침묵 속에서 달리기만 했기 때문이었다. 도착하자마자 흑설탕은 말없이 텐트를 치고, 나도 말없이 이른 저녁을 만들었다. 먹는 동안에도 별다른 말이 없이 각자 치우고 설거지를 했다. 해도 지지 않고 자기에는 너무 이른 시간이었다. 살라망카는 야경이 아름답기로 유명한 곳이라 이대로 캠핑장에 있기는 아쉬웠다. 넌지시 흑설탕에게 "시내 구경 가야지."라고 했다. 아무 말 없이 그가 따라나섰다.

같이 시내 구경을 나오긴 했지만, 화해한 건 아니었다. 함께 걷기는 했지만, 적당히 거리를 유지했다. 사진을 찍기는 했지만 셀카였다. 해가 지고 가로등이 켜지자 거리는 화려해졌다. 불을 밝힌 상점 안에는 옷이며 신발이 나를 데려가라며 반짝거렸고 바라보는 사람들 눈에서도 보석과 같은 광채가 났다. 관광객이 많아서인지 들뜨는 분위기였다. 야경의 정점인 마요르 광장에 도착하니 스페인 특유의 정열적인 분위기가 광장을 물들이고 있었다. 관광객뿐만 아니라 스페인 젊은이들이 모두 광장으로 모여들고 있는 것 같았다. 어느덧 마음이 누그러진 우리는 저녁을 일찍 먹어 출출한 김에 노천카페에 앉아서 샹그리아를 마시기로 했다. 같이 시킨 타파스는 짭조름한 하몽이 들어간 미니 샌드위치와 과일들로 미각을 자극했다. 샹그리아를 홀짝거리며 지나가는 사람들을 구경하는데 서로 웬만큼 화는 풀렸지만, 화해하기가 쉽지 않았다. 딱 이만큼 왔을 때 용기를 내면 좋으련만 화해의 정석은 없었다.

다음날도 말없이 아침을 먹고 절벽 위에 마을 쿠엥카를 들렀다. 이 코스는 서로 와 보고 싶어 했던 곳이었는데 컨디션이 받쳐주지 않을 때는 어떤 것을 봐도 감흥이 없었다. 화해할 듯 말 듯한 때가 마음이 더 서운한 법. 만사가 귀찮아서 혼자보고 오라고 할까 말까 고민하다가 '두 번 다시 못 올지도 모르는데.'를 되뇌며 차에서 내렸다. 조금 거리를 두고 걷다 보니 절벽에서 마을로 넘어가는 다리가 나왔다. 깊은 골짜기에 걸쳐진 다리는 아슬아슬해 보였고 그래서 건너편 마을의 아름다움은 더 아찔했다. '안 봤으면 큰일 날뻔했겠네.' 생각하며 건너려는 데 울렁거림이 예사롭지 않았다. 반대편에서 넘어오는 다른 일행도 조심스럽게 걸어오고 있었다. 긴장 상태로 걷는데 뒤에 오던 흑설탕이 손을 슬쩍 잡았다. 아주 잠깐 '뺄까 말까', 이내 못 이기는 척 손을 꽉 잡았다. 그렇게 쿠엥카를 구경하고, 소박한 점심을 먹으면서 다시 휴전상태로 돌아갔다. 여행 내내 기억도 나지 않을 만큼 소소한 일로 싸우고 화해 하기를 무한 반복했다. 평생의 싸움 횟수가 정해져 있다면 앞으로 절대 싸울 일이 없을 것 같았다.

여행자 바이러스

스페인의 고향 집

드디어 아프리카에서 친구가 된 스페인 커플 로시오와 알베르토를 만났다. 외국인과 같이 여행하는 트럭킹을 하면서 만난 로시오는 첫인상은 까칠하지만, 수다가 늘어지면 한이 없고 알베르토는 과묵해 보이지만 의외로 귀요미 스타일로 여행을 마칠 때쯤 절친이 되어 있었다. 나이, 성별, 국가가 다르지만, 아프리카라는 특이한 장소에서의 경험은 마음을 터놓고 이야기를 할 수 있는 시간을 주었다. 게다가 커플이라는 점도 친해지는 계기가 되는데 한몫했다. 아프리카 여행 이후로 2개월의 시간이 지나긴 했지만, 아직도 여행 중이라 그들과 함께 트럭킹을 한 게 엊그제 일처럼 생생했다. 유럽에서 자동차를 리스하고 캠핑을 하는 동안 하루에도 몇 번씩 그들에 관한 이야기를 나누곤 했다. 친구가 있다는 것만으로 유럽의 한 나라에 불과했던 스페인이 고향이라도 된 듯 다정한 나라가 되어 있었다.

외곽의 작은 소도시들을 돌며 캠핑을 하다가 대도시인 마드리드로 들어서니 번잡한 느낌이 어색했지만, 또 익숙했다. 마치 서울에 있는 것 같았다. 마드리드를 가로지르는 긴 고가도로는 내부순환도로 같았고, 미친 듯이 달리는 자동차의 속도도 서울과 다르지 않았다. 흑설탕은 시내의 운전 속도에 적응하지 못해 고전하다가 곧 운전 감각이 살아났다. 여행이 끝나고 난 후 한국에 돌아가서도 똑같을 거라는 생각이 들었다. 언제 세계여행을 다녔냐는 듯 이전의 속도로 우리는 다시 달리겠지. 아쉽고도 그리울 시간들이었다.

그들의 집은 마드리드 시내에 있는 작고 깨끗한 빌라 1층이었다. 공용 주차장은 주차난이 심해 차들이 뒤섞여 있었다. 차를 마땅히 세울 데가 없자 알베르토가 당황하며 미안해했지만, 개구리 주차 또한 우리 집 주차장처럼 익숙한 일이었다. 흰색으로 칠해진 집은 크지는 않았지만 있을 것은 다 있었다. 외국 사람의 집에 방문하는 것은 처음이었는데 옆집을 방문한 듯한 약간의 어색함이 가시자 곧 내 집처럼 편안해졌다. 삼 일간 우리는 그 집에서 묵었고 그들은 근처 부모님 집에 머물렀다. 친척 집에 온 것처럼 편히 자고, 편히 먹고 낮엔 현지인처럼 어슬렁거리며 마드리드 시내를 산책했다.

프라도 미술관에 들러 고야 동상과 인사도 하고 여유로운 미술관 산책도 하고 마드리드 왕궁의 공원 풀밭에서 다른 연인들처럼 누워 하늘을 보기도 했다. 솔 광장에서 행위 예술가도 구경하고 여유로운 점심을 먹기도 했다. 저녁엔 집에 다 같이 모여서 맥주를 한잔하면서 이야기를 나눴다. 같이 여행했던 아프리카 이야기는 매일 해도 지겹지 않았다. 그리고 서로에 대해서 궁금했던 것들을 물어가면서 더욱 깊이 알아갔다.

삼 일의 시간은 빨리 지나갔다. 그들이 기르는 토끼도 먹이 주는 낯선 동양인들을 무서워하지 않을 정도로 익숙해졌는데 아프리카든 마드리드든 헤어지는 건 항상 아쉬웠다. 다른 대륙에 있더라도 서로를 아끼며 추억하자고 약속하며 안녕을 고했다. 고향 집을 떠나는 것처럼 서운했다.

아디오스 에스빠냐!

가우디가 만든 성당인 사그라다 파밀리아를 보기 위해 바르셀로나 시내로 들어왔다. 워낙 유명해 사진으로 익히 많이 보았지만, 실물은 더 굉장했다. 화려하면서도 입체적인 모습에 감탄이 절로 나왔다. 눈에 보이는 것을 모두 카메라에 담고 싶었지만, 워낙 거대하여서 한 앵글 안에 들어오지 않았다. 더군다나 며칠 전부터 카메라가 상태가 좋지 않아 아쉽게도 촬영이 어려웠다. 괜히 흥이 나지 않았다. 가우디가 만든 구엘 공원으로 이동하니 공원 역시 창의적인 모습이 신기하고 재미있었다. 물 흐르는 듯한 곡선의 라인이 유연하면서도 익살스러웠다. 건축과 인테리어에 관심이 많아 사진으로 많이 남기는 편인데 흑설탕이 주로 가지고 다니는 DSLR 카메라는 초점이 맞지 않고 내가 가지고 다니는 똑딱이 카메라는 조리개가 완벽히 닫히지도 열리지도 않았다. 아프리카에서 사막과 사파리를 지나면서 제대로 관리를 못한 탓이었다. 카메라의 상태는 아까보다 심각했고 신경이 쓰여 공원을 제대로 돌아보지 못하고 있었다.

사실 고장 난 건 카메라가 아니라 마음이었다. 바람 빠진 풍선처럼 맥이 빠지고 작은 일에도 짜증이 났다. 주기적으로 오는 향수병이 도진 것이었다. 게다가 향수병은 전염되기까지 해 어느새 흑설탕도 비슷한 증상을 보였다. 가려고 했던 곳이 몇 곳 더 있었으나 일찍 쉬기로 하고 숙소를 찾아 들어갔다.

저녁을 하기 위해서 조리 도구를 챙기고 흑설탕은 텐트를 치려고 텐트를 꺼내는데 갑자기 흑설탕의 비명이 들려왔다.

"헉! 텐트가 왜 이 모양이야!"

안 좋은 일은 한꺼번에 오는 법이었다. 텐트 입구의 지지대가 두 동강이 나 있었다. 어제 저녁까지 잘 자고 텐트를 접었는데 짐을 넣으면서 부러진 모양이었다. 저녁때가 다 되어가는데 다른 텐트를 구할 수도 없고 급한 대로 테이프로 수선해서 오늘 밤을 보내야 했다. 우울한 데다가 몸까지 피곤한 상태라 짜증이 났다. 음식을 하기도 귀찮아 저녁으로 고이 모셔 둔 멸치 칼국수 라면을 끓여 먹고 허전한 마음을 독하면서 달콤한 포트 와인으로 달래며 잠이 들었다.

밤사이 푹 잘 자고 일어났는데 아침에 눈을 뜨자 이상했다. 일어나 앉으려는데 침낭 위로 천이 드리워져 있는 것이었다. 깜짝 놀라 아직 자고 있는 흑설탕을 흔들어 깨우고 입구를 찾지 못해 손으로 더듬어 가며 천을 헤치고 기어 나왔다. 지지대를 이어 붙인 테이프가 떨어져서 텐트가 폭삭 무너져 있었던 것이었다. 텐트를 치고 잔 게 아니라 덮고 잔 것처

럼 되어버렸다. 해가 중천에 떠서야 겨우 일어났는데 길바닥에 노숙한 것처럼 거지꼴이었다. 주변에 이웃한 캠퍼들이 흘끔흘끔 쳐다보았다. 어제는 서둘러 씻고 먹고 자느라 몰랐는데 럭셔리 캠핑카들이 즐비했다. 텐트 밖으로 나와보니 고양이의 짓인지 텐트 옆에 누가 오줌까지 싸놓았다. 황당함에 헛웃음이 났다. 스페인에서 오랜만에 만난 별 네 개짜리 캠핑 장이었으나 미련 없이 나와버렸다.

여행도 컨디션 궁합이 맞아야 즐거운 법, 이제 스페인과 안녕을 고해야 할 시간이라는 것을 깨닫고 미련 없이 프랑스를 향해 달렸다. '아디오스 에스빠냐~'

오늘은 맑음

새벽같이 달려 도착한 프랑스 아비뇽 캠핑장은 훌륭한 시설은 아니었지만, 마음에 들었다. 전날 프랑스 남부로 미친 듯이 차를 몰고 오면서 딱히 묵을 곳을 찾지 못해 여행 이후 처음으로 '차숙'(차에서 숙박)을 한 터였다. 늦은 밤에 도착한 카르카손은 성벽으로 둘러싸인 유서 깊은 도시였지만 숙소를 못 찾아 성벽 어딘가 차를 세우고 밤을 보내려니 유령 도시처럼 느껴졌다. 뜬눈으로 밤을 지새우고 해가 뜨자마자 아비뇽으로 차를 돌렸다. 다행히 찍어놓은 캠핑장이 운영을 하고 있어서 리셉션 문이 열리자마자 들어왔다. 텐트를 치고 아침으로 쇠고기 죽을 끓여 먹고, 샤워한 뒤 밀린 빨래를 해서 텐트에 널었다. 모든 것이 일사천리였고 오전 시간이 후딱 갔다.

빵으로 간단히 점심을 먹고 강 너머로 멋진 위용을 자랑하는 교황청을 둘러보러 아비뇽 성으로 향했다. 학교에서 배운 그 유명한 아비뇽 유수. 왕권에 밀려 귀향 온 교황이 살았던 성이지만 강가에 자리 잡은 자태가 아름다워 귀향 올 만하다(?) 싶었다. 성 앞의 끊어진 생베네제 다리는 멋스러우나 입장료가 비싸 패스하고 멀리서 사진을 찍고 구경만 했다. 성안은 멋진 성벽과 아기자기한 골목이 조화를 이뤄 구경할 것이 많았다. 보통 유물, 유적지들이 원주민은 없고 관상용으로만 남아있어 아쉬웠는데 사람이 사는 정감 가는 동네라 더 좋았다.

기분이 돌아오자 입맛이 살아났다. 저녁 메뉴로는 스페인을 돌며 팍 쉬어버린 김치로 참치 김치찌개를 끓이기로 했다. 마트에서 참치이기를 바라면서 구매한 통조림을 따 통조림 안의 기름만 냄비에 먼저 두르고 김치를 볶은 후 쌀뜨물을 부어서 찌개를 끓였다. 팍팍 끓어 오르면 참치를 넣고 더 끓여 주면 완성이었다. 코펠 안에 김치가 끓으며 매운 냄새가 기분 좋게 올라왔다. 옆 캠핑카의 노부부가 입을 가리며 연신 재채기를 해댔다. 바람의 방향을 고려해서 버너를 설치했는데도 매운 냄새가 퍼졌다. 오늘도 실패다.

김치찌개를 앞에 놓고 밥상이 차려지자 환상적인 맛에 기분이 좋아졌다. 참치이길 바랐던 통조림은 기대한 참치 맛이었고, 쉰 김치와 조화를 이뤄 밥 도둑이었다. 안도라에서 산 달콤하고 돗수 높은 포르투갈 포트와인과의 마리아주도 좋아 술 도둑이기도 했다. 스페인 캠핑장에서 만난 프랑스 노부부 덕에 알게 된 포트 와인은 와인치고는 독주인데 한국 음식과 무척 잘 어울렸다. 특히 찌개와의 조화는 환상특급이었다. 약간의 점성이 있는 진득하고 진한 맛이 마치 복분자주 같았다. 독한 포트와인 한 병을 해치우고도 성에 차지 않아 레몬 맥주까지 꺼내 마시면서 남은 일정에 관해서 이야기했다. 한국에서는 와인 한 병을 둘이서 다 못 먹었는데 건강해져서 그런지 술고래가 되어 가고 있었다. 참치 냄새 때문에 캠핑장의 고양이가 몰려들었다. 김치찌개의 참치는 매울 것 같아 고양이들에게 우유를 나눠주고 같이 건배를 했다.

옆 캠핑카의 할아버지가 그런 우리들을 재미있다는 듯이 보더니 슬며시 다가와 말을 걸었다. 어느 나라 사람이냐는 질문으로 시작한 이야기는 맥주를 나누며 생각보다 길게 이어졌다. 노부부는 캐나다인으로 캠핑카를 사서 유럽에 놓고 추운 겨울이면 2개월씩 유럽을 여행한다고 했다. 부부가 나란히 앉아서 담소를 나누는 모습이 다정했는데 여행을 할 수 있는 체력과 여유까지 있다는 게 부러웠다. 행복은 역시나 상대적인 것일까? 할아버지는 젊은 사람 둘이 텐트 가지고 여행하는 모습이 좋아 보인다며 혹시 캐나다를 방문할 일이 있다면 자기들 집에서 머물다 가라고 초대해주었다. 비록 주소를 분실해 할아버지네를 방문할 수는 없었지만, 다음 여행은 전 세계 친구들을 만나러 다니면 어떨까 하는 상상을 해봤다.

그날 밤새도록 비가 퍼붓고 무시무시한 소리를 내며 천둥 번개까지 치는데도 꿀잠을 잤다. 아침에 일어나니 지난밤과는 대조적으로 맑고 쾌청한 하늘이 신기했다. 눈치채지 못하는 사이에 며칠을 앓았던 향수병은 사라지고 다시 즐거운 여행자로 돌아가 있었다. 날씨도 맑고 우리의 마음도 맑게 개었다.

40

빛나는 노년을 위하여

누드비치의 묘령의 여인

휴양도시들이 즐비한 프랑스 남부로 들어서니 지금까지와는 또 다른 풍경이 이어졌다. 가을인 스페인 북부에서 여름인 프랑스 남부까지 급하게 달린 탓에 창밖으로 시시각각 변하는 정취에 적응할 새가 없었다. 스페인 남부에서부터는 입었던 카디건을 벗기 시작했고 프랑스로 들어서자 에어컨을 켜기 시작했다. 니스에서 하룻밤을 묵고 세계 3대 영화제가 열리는 깐느로 차를 몰았다. 깐느 해안가에 도착하자 해안가는 물론 카페에서도 자유롭게 수영복 차림으로 오가는 사람들이 어색했다. 심지어 딱히 누드 해변이라는 표지도 없는데 수영복마저 벗은 한 무리의 사람들을 보자 미처 마음의 준비를 하지 못한 탓에 문화적인 충격을 받았다. 맨날 보는 여자 몸인데 목욕탕도 아닌 바닷가에서 보니 참 이상했다. 우리는 그 순간 유명한 깐느 영화제가 열리는 팔레 드 페스티벌을 구경하기 위해 서둘러 나선 길이고 배가 몹시 고파 아우성을 하면서 달려온 참이라는 것을 깜박하고 말았다.

그리고 갑자기 참으로 한심하게 느껴졌다. 프랑스 북부가 좋아 곳곳을 들르다 보니 시간이 많이 지체되었다. 스페인을 돌고 난 이후로는 예정된 일정에 맞추려고 급하게 프랑스 남부를 훑어 스위스로 올라가는 중이었다. 하루 몇 백㎞씩 미친 듯이 달리면서 창밖의 풍경만 굽어보면서 아쉽다는 말만 되풀이하고 있던 차였다. 아, 이게 과연 진정한 여행이란 말인가. 갑자기 자연스레 탈의한 저 자유로운 영혼의 사람들과 같이 바닷가를 걸어야 할 것 같았다. 거추장스러운 옷을 다 벗고 자유를 느껴야 할 것 같았다(실행은 못 하겠지만).

서둘러 차를 세우고 신발을 벗어들었다. 생각보다 모래는 뜨겁고 날씨는 더웠지만, 일광욕을 즐기는 사람들은 개의치 않는 듯했다. 알록달록한 돗자리를 깔고 앉은 사람들은 혼자 바닷가를 멍하게 보고 있든, 친구들과 공놀이를 하든 너무나 자유롭고 즐거워 보였다. 그들의 여유로운 모습에 갑자기 맥이 탁 풀렸다.

멀리 짧은 쇼트커트에 뒤태가 날씬한 비키니 차림의 아가씨가 상의 탈의한 채 여유롭게 일광욕을 하는 모습이 보였다. 날씬한 허리라인이며, 각이 잡힌 등 근육과 팔뚝이 긴 시간 운동으로 다져진 몸이라는 것을 한눈에 알아볼 수 있을 만큼 아름다웠다. 그녀의 뒤태에 반한 것은 우리만은 아니었던지 프랑스 사람들도 흘끔흘끔 그녀를 보곤 했다. 둘 다 자연스럽게 그녀 곁으로 발걸음이 옮겨졌다. 각자가 상상한 모습의 실체를 확인하고 싶은 본능적인 욕망이었으리라. 그녀는 연인과 함께 온 듯 다정한 모습으로 옆 사람과 이야기를 나누고 있었다. 가까이 다가갈수록 옆에 앉은 사람이 호호백발의 할아버지라는 사실이 다소 의외긴 했지만 여긴 깐느 아닌가. 현실에서는 드물지만, 스무 살 이상 차이 나는 영화 같은 커플이 있을 법도 했다. 문득 머리를 쓸어 올리며 시선을 느끼고 돌아보는 그녀와 눈이 마주쳤다. 순간 놀라고 말았다. 누가 봐도 그녀는 옆의 할아버지와 한 쌍의 할머니였던 것이었다. 세련된 스타일이며 날씬한 몸매를 소유한 그녀는 소싯적에는 한 인기 하셨을 매력적인 얼굴인 데다가 피부관리도 잘되어서 분명 젊어 보이긴 했다. 그러나 목이며 눈가를 덮은 세월의 흔적은 할아버지와 10살 이상 차이가 난다고 해도 60대는 되어 보였다. 새빨간 립스틱을 바르고 여유로운 웃음을 짓고 있던 그녀의 모습은 토플리스 차림만큼이나 신선한 이미지로 각인되었다.

행복한 노년들

깐느 영화제가 열릴 때마다 화려한 레드 카펫으로 물들던 팔레드 페스티벌에 도착했다. 하지만 배가 고파 거리가 눈에 들어오지 않았다. 일단 밥부터 먹기로 하고 음식점을 찾는데 부자 동네이기도 했고, 환율이 거의 2배라 가격이 비쌌다. 그러나, 프랑스에 와서 김치찌개만 끓여 먹다 가기는 너무 억울했다. 디너보다는 런치 가격이 더 저렴하므로 점심 장사를 마치고 가게들이 휴식을 갖기 전에 서둘러야 했다.

레스토랑 앞의 음식 가격을 대략 훑어 분위기도 괜찮으면서 가격도 적당한 레스토랑을 찾았다. 점심 피크 시간이라 웨이터도, 사람들도 모두 시끌시끌했다. 식당에 들어서니 수완 좋아 보이는 웨이터가 서둘러 자리를 안내해주었다. 낯선 동양인을 조심스레 살피긴 했지만 아주 잠깐이었고 눈이 마주치자 매너있는 눈인사를 건넸다. 손님들도 마찬가지였다. 웨이터건, 손님이건 아주 점잖았다. 메뉴판을 심사숙고해서 들여다보다가 하나는 런치 코스요리를 시키고 하나는 브야베스(프랑스식 해산물 스튜) 단품 요리를 시켰다. 그 가격만 해도 배낭 여행자에게는 하루 식사로 너무 과해서 차마 와인까지 시킬 수는 없었다. 배가 몹시 고파 뭐든지 나오기만 하면 다 먹어주리라 생각했는데 막상 코스의 애피타이저인 해산물 샐러드가 나오고 큼직한 새우와 생선살이 가득한 브야베스만 먹었는데도 허무하게 배가 불렀다. 코스요리의 메인은 아직 나오지도 않은 상태였다. 메인 파스타의 양도 어찌나 많은지 이 비싼 요리를 남기면 어떡하나 싶어 최선을 다해서 먹었다. 젊은 사람 둘이서 코스요리 하나를 감당하기 어려울 만큼 양이 많은데 주변의 어르신들은 여유로운 모습으로 코스요리를 먹고 있었다. 옆 테이블의 노부부 커플은 식사를 깨끗이 마무리하고 디저트를 먹으면서 와인을 마시고 있었다. 둘 다 멋스럽게 차려입고 마주 앉은 모습이 다정했다. 특히 백발 할머니의 화려한 메이크업은 바닷가의 그녀와 겹쳐졌다. 이 부부도 점심을 먹고 누드비치에서의 일광욕을 즐길지도 모르는 일이었다. 맞은 편에 할아버지는 혼자 와서 신문을 읽으며 커다란 스테이크를 먹고 디저트로 케이크에 커피까지 마시고 있었다. 혼자 왔든, 둘이 왔든 저마다의 시간을 자신의 방법으로 즐기고 있는 모습이 인상적이었다.

레스토랑을 나오니 비로소 팔레 드 페스티벌이 제대로 눈에 들어왔다. 거리는 화려한 명품 상점 또는 기념품 상점으로 양분되어 있었다. 하지만 항상 기대했던 곳에 가면 생각보다 시시했다. 연극이 끝나고 난 빈 무대 같다고나 할까. 관광객 모드로 바닥에 찍힌 배우들 손 프린팅에 손을 대고 사진 몇 컷 찍고 길가를 따라 쭉 걸어보니 더 이상 흥미가 없어서 차로 깐느를 한 바퀴 돌기로 했다. 아름다운 해안 길 오른쪽에는 언덕 위로 궁궐 같은 집들이 빼곡했고, 왼쪽에는 넓고 시원한 바다와 바다를 즐기는 사람들이 있었다. 눈 호강을 하면서 달리는데 사람들이 북적거리는 것이 보였다. 주차하고 가 보니 벼룩시장이 열렸다. 럭셔리 부자 동네로 유명한 곳에서 벼룩시장이 열리는 것도 다소 의아한데 물건을 팔러 나온 사람들은 젊은 사람들이 아니라 노인들이었다. 선글라스에 시스루 의상을 입은 멋쟁이 할머니는 자신이 소장한 독특한 옷들을 팔고 있었고, 멜방 바지에 중절모를 쓴 할아버지는 중고지만 잘 손질된 구두를 팔고 있었다. 저마다 즐거운 모습들이었다. 우리도 말이 안 통하는 그들과 물건값을 흥정하며 4천 원짜리 슬리퍼도 하나씩 건졌다. 깐느 하면 화려한 젊은이들의 거리를 상상했는데 의외로 빛나는 노년의 삶을 볼 수 있어 좋았다.

애니멀리스트

처음 만난 고양이에게 품을 내주다

스위스의 눈 덮인 산길을 달려오느라고 생각보다 시간이 지체되었다. 해는 지고 있고 갈 길은 멀어 마음이 급했다. 아무 곳이나 들어가야 할 것 같아 가이드북을 뒤지고 있는데 다행히 스트라세에 캠핑장이 있었다. 체크인을 하고 들어오니 잠만 자고 가기에는 아까울 만큼 호숫가 풍경이 근사했다.

저녁으로 새우 샐러드를 만들려고 새우를 데치고 있는데 생각지도 않은 손님이 방문했다. 검은 고양이가 다가와 다리 사이를 오가면서 부비부비를 하고 애교를 떨었다. 지금까지 캠핑장에서 많은 고양이를 보았지만 이렇게 넉살 좋은 개냥이는 처음 봤다. 녀석의 사랑스러운 애교에 넘어가 저녁을 아낌없이 나눠주고 쓰다듬어 주고, 생각지도 않은 환대에 즐거운 저녁 시간을 보냈다. 저녁을 다 먹고 설거지를 하려는데 고양이가 졸졸 따라왔다. 설거지하는 흑설탕을 따라 개수대에 올라가 참견을 하더니 곧 샤워하려고 발걸음을 옮기는 나를 따라와 샤워커튼 사이로 머리를 내밀었다. 생존본능에서 나오는 처절한 애교겠지만 사랑스럽고 다정해서 반하지 않을 수 없었다.

곁에서 떠나지 않는 녀석을 놔두고 텐트로 들어오려니 신경 쓰이긴 했지만, 밤이 깊어 잘 시간이라 고양이에게 '안녕. 잘자.' 하고 손을 흔들어 주고 텐트 문을 닫았다. 침낭을 펴고 잘 자리를 정돈하는데 고양이가 가지 않고 텐트 앞에서 '냐옹'거렸다. 텐트 지붕 위로 기어 올라가 박박 긁기도 했다. 어이가 없기도 하고 너무 귀여워서 텐트를 살짝 열었더니 망설이지도 않고 안으로 쏙 들어와 자리를 잡았다. 늦가을이라 쌀쌀하고 호숫가라 더 한기가 느껴져서 안에서 재워도 되냐고 물었더니 잠시 망설이던 흑설탕이 그러라고 했다. 그도 동물을 좋아하기는 하지만 낯선 여행에 혹여 병이 옮을까 조심하라고 항상 주의를 줬다. 밤이 깊어지자 바람이 불어 침낭 안에서 자는 우리도 한기가 느껴졌다. 발끝에서 자던 녀석도 추운지 점점 위쪽으로 올라오고 있었다. 나는 녀석의 웅크린 모습이 안쓰러워 침낭을 열고 품으로 끌어당겼다. 그런데 기다렸다는 듯이 침낭 안으로 쏙 들어오더니 꼭 안겼다. 결국, 그대로 끌어 앉고 잤다. 내 팔을 베고 가슴에 얼굴을 파묻고 자는 녀석이 너무 사랑스럽기도 하고 얼마나 정에 목말랐으면 이렇게 의심 없이 품에 안겨 잘까 싶어 안쓰럽기도 했다.

다음 날 아침, 침낭 안에서 같이 일어난 고양이를 보고 흑설탕이 놀라긴 했지만, 별말 하지 않았다. 고양이와 같이 일어나 같이 씻고 같이 아침을 먹었다. 출발하려고 짐을 싸니 마치 자기를 데려가라는 듯 차에까지 들어오려고 하고 차 문에 부비부비를 해댔다. 절대 만지지 않던 흑설탕도 어느새 고양이를 품에 안고 얼굴을 비빌 만큼 푹 빠져버렸다. 짐 싸다 말고 고양이랑 놀기를 서너 번, 아침 일찍 서둘러 출발하려던 게 생각보다 늦어지고 있었다.

짐을 싣고 아쉬운 인사를 하고 출발을 하려는데 어느새 이 녀석이 아침 일찍 들어온 한 캠핑카에 다가가더니 아이들에게 애교를 부리고 있었다. 벌써 새 친구를 사귄 모양이었다. 우리는 떠나야 하는 사람들이라 남아있는 녀석의 생존 방식을 이해 못 하는 것은 아니지만 정들었던 고양이의 변심 아닌 변심은 살짝 아쉽고 서운했다. 나보다 더 서운해하는 건 흑설탕이었다. 그는 흘끔 돌아보는 고양이를 향해 몇 번이고 손을 흔들어 주었다. 여행하면서 애니멀리스트로 거듭나고 있었다.

소렌토에서의 눈물의 이별

프랑스 남부 캄파니아주로 내려와 폼페이 유적을 둘러보고 나오자 비가 쏟아졌다. 그나마 짧은 여정에 비까지 내려 창밖의 풍경조차 볼 수 없어 아쉬웠다. 하지만 소렌토에 도착할 즈음엔 다행히 퍼붓던 비가 그칠 기미가 보였다. 소렌토에서 하룻밤을 보내기로 하고 캠핑장을 찾아 들어왔는데 생각보다 날이 추운 데다가 가격이 저렴해서 방갈로를 빌려서 머물기로 했다. 여느 때처럼 저녁 준비를 하면서 상을 차리고 와인을 따고 있는데 방갈로 주변에 큰 개 한 마리가 어슬렁거렸다. 생긴 건 진돗개와 비슷하게 짧고 갈색의 털을 가졌고 눈이 무척 순했다. 다리를 절뚝거리고 있어 자세히 보니 오른발에 상처와 함께 피가 말라붙어 있었다. 꼬리를 흔들며 다정하게 구는 모습에 쓰다듬어 주고 싶었지만 오랜 시간 밖에서 생활해 더러운 데다가 상처 때문에 괜스레 병이라도 옮을까 조심스러웠다. 하지만 소시지 반찬을 아낌없이 내놓았다.

저녁을 먹은 후 소렌토 시내를 한 바퀴 도는데 연신 오락가락하는 빗줄기에 제대로 구경하기가 쉽지 않았다. 연중 온화한 기운을 유지하여 여행하기 좋은 곳이라는데 하필 짧은 여정에 비까지 오니 아쉬움이 더

했다. 숙소로 들어오면서 굵어진 빗줄기에 다친 개가 신경 쓰여 주위를 둘러보았다. 집을 찾아간 건지 개는 어디에도 없었다. 어딘가 안전한 곳에서 비를 피하고 있겠거니 생각하면서 잠을 청했다.

아침에 일어나자 언제 비가 왔냐는 듯 활짝 개어 있었다. 문을 열고 밖으로 나오니 어제 그리 찾아도 없던 개가 방갈로 아래 흙 바닥에서 자고 있었다. 인기척에 꼬리를 흔들면서 반기기는 하는데 밤새 추웠던 탓인지 아팠던 탓인지 몸을 떨면서 다친 다리를 연신 핥고 있었다. 약이라도 발라주면 좋으련만 상처를 만지려 하니 자꾸 피했다. 우리는 어제보다 더 푸짐한 아침을 나눠주는 것 이외에 더 도울 방법이 없어 안타까웠다.

페리를 타고 그리스로 넘어가야 해서 급히 떠날 채비를 하고 캠핑장을 마지막으로 둘러보기로 했다. 컨디션을 회복한 개가 꼬리를 흔들며 뒤를 따라 왔다. 캠핑장을 둘러보는 우리를 앞서거니 뒤서거니 하며 에스코트를 해주었다. 성치 않은 다리라 걱정이 되긴 했지만 다정한 개의 안내를 받으니 산책이 더 즐거웠다. 시간 여유만 있었더라면 며칠 묵으면서 개를 돌봐 줄 수 있었을 텐데 여러모로 아쉬웠다.

산책을 마치고 개와 아쉬운 작별인사를 나누었다. 잘 있으라고 인사를 하는데 바지를 물고, 당기며 장난을 쳤다. 컨디션이 괜찮으니 놀자고 하는 것 같았다. 차까지 따라와 장난치는 것을 겨우 제지하면서 차에 올라 시동을 걸었다. 그런데 녀석이 뒤따라 달리는 것이었다. 설마 계속 따라오는 것은 아니겠지 싶었지만 절뚝거리는 다리로 차의 속도를 따라잡고 있었다. 흑설탕과 나는 차를 세울 수도 없고 그렇다고 캠핑장 안에서 속도를 내서 달릴 수도 없었다. 캠핑장 밖으로 나가면 바로 위험한 도로인데 거기까지 나올까 조마조마했다. 다행히 차가 도로로 들어서자 개는 캠핑장 입구에 멈춰 섰다. 계속 따라올까 봐 창문을 열고 손을 흔들어 줄 수도 없었다. 겨우 밥 몇 번 나눠주었을 뿐인데 정에 굶주린 녀석이 안타까웠다. 소렌토를 뒤로하고 달리는 차 안에서 왈칵 눈물이 났다. 운전하는 흑설탕의 눈가도 촉촉해졌다.

권태기 처방전

권태기 처방전 베네치아

베네치아에 처음 갔을 때의 느낌을 잊지 못하겠다. 회사 동료와 함께 유럽 세미나에 참석한 김에 주요 도시를 여행하기로 일정을 잡았었고 베네치아도 그중 하나였다. 아름다울 것이라는 예상은 했었지만, 베네치아로 연결되는 지하철역에 내려 물 위에 떠 있는 건물들과 그 사이를 오가는 배들의 보면서 낙원이 있다면 이곳이 아닐까 싶었다. 과거로부터 내려온 자연환경과 현재의 삶이 조화롭게 균형을 이루는 프랑스나 이탈리아의 유서 깊은 도시들을 보면서 그 속에서 나고 자란 사람들이 세계적인 멋쟁이가 되는 것은 당연한 일이라는 생각도 했었다. 이런 것을 보고 자란 사람들이 스스로를 가꾸는 데 소홀할 리가 없을 테니 말이다. 그래서 흑설탕과 유럽 여행을 한다면 베네치아만큼은 꼭 다시 방문하고 싶었다. 결혼 생활이 5년 가까이 되자 각자의 회사 생활에 바빠 자신조차 돌아볼 시간이 없던 우리에게 베네치아가 전환점이 되어줄 것 같았다.

다시 찾아온 베네치아는 그대로 거기 있었다. 다른 점이 있다면 흑설탕이 함께 있다는 것이었다. 평소 같으면 지도를 열심히 보면서 목적지를 찾아가려고 애를 썼겠지만, 오늘만큼은 지도를 가방 속에 넣었다. 마음이 이끌리는 대로 걷고 싶었기 때문이었다. 베네치아가 미로처럼 되어 있어서 지도를 본다고 해서 원하는 곳을 정확히 찾기도 쉽지 않긴 했다. 때로는 사람들에 이끌려서 때로는 본능에 의지해서 마음이 가는 대로 정처 없이 걷는 것이 베네치아를 제대로 보는 방법인지도 몰랐다.

하지만 이상하게도 전에는 헤맸던 골목들이 하나하나 생각이 나면서 길을 잘 찾아다녔다. 여기서 무엇을 했었고 무엇을 샀었는지 하나하나 생생하게 떠올랐다. 산마르코 교회와 두칼레 궁전, 시계탑도 둘러보고 베네치아를 가로지르는 가장 큰 운하인 카날그랑데도 구경했다. 리알토 다리에서 기념 촬영도 하고 베네치아 운하를 운행하는 수상버스 바포넷토를 타고 한 바퀴 돌기도 했다. 다리가 부서져라 베네치아를 걷고 또 걸었다. 흑설탕도 베네치아가 맘에 든 모양이었다. 평소라면 소소한 일에도 의견이 갈리곤 했었는데 안내하는 대로 열심히 따라와 주고 있었다. 유럽으로 넘어오고 나서는 다툼의 연속이었다. 배낭 여행 초기라 어설펐던 아시아는 적응하느라 정신이 없었고, 먹을 것도 탈 것도 마땅치 않았던 아프리카는 생존하느라 정신이 없었다. 그런데 유럽으로 넘어오자 여행에도 익숙해졌고, 선택의 여지가 너무 많았다. 볼 것도 먹을 것도 다양해서 선택의 기로에서 별것 아닌 일로 싸움이 났다. 어느 날은 하루에 서너 번 싸웠다가 화해했다를 반복했다.

여행을 떠나오기 직전 서로에게 화를 낼 시간조차 없었다. 어떤 날은 출퇴근 시간이 달라서 이삼일씩 서로의 깨어있는 얼굴을 보지 못하는 날도 많았다. 주말 아침이 되어서야 늦잠을 자고 일어나 "안녕." 하고 인사를 하는 날도 있었다. 연봉은 올라가고 회사에서는 인정을 받고 있었지만, 이것이 다가 아니란 생각이 머릿속에서 떠나지 않았었다. 어쩌면 우리는 소소한 것을 바라고 있었는지도 모른다. 자주 얼굴을 보고 자주 이야기하고 자주 싸우고 화해하고.

길거리 간이 판매점에서 얼굴 만한 피자를 사서 나눠 먹고 유치한 사진도 찍어가며 연인들처럼 손잡고 베네치아 거리를 쏘다녔다. 날이 저물자 베네치아는 더욱 반짝거렸다. 같은 장소도 해가 진 이후의 풍경은 또 새로웠다. 낮 동안의 열정적인 투어 후 저녁 먹고 일찍 자는 것이 그간의 사이클이었는데 밤늦게까지 돌아다닌 예외적인 날이었다. 50세가 되어도, 60세가 되어도 손잡고 베네치아의 거리를 걷다 보면 사랑이 샘솟을 것만 같다. 권태기가 와서 사이가 소원해진 부부들에게 베네치아를 적극 추천하고 싶다.

캠핑장 홀릭

캠콕. 우리가 만든 신조어다. 방에서 콕 박히는 것도 아니고 캠핑장에 콕 박힌다는 뜻이다. 여행 중 게스트하우스나 한인 민박에서 묵을 때면 딱히 그 지역을 여행하는 것도 아닌데 숙소에서만 머무는 은둔형 여행자를 만날 수 있었다. 여행에 지쳐 쉬는 사람도 있고, 그곳이 좋아서 현지인처럼 생활하는 사람도 있었다. 주로 다합이나 포카라처럼 저렴하면서 한적하고 아름다운 곳들이었다. 그런데 우리는 특이하게 이탈리아 로마 캠핑장에 홀딱 빠졌다.

시내에서 지하철로 여러 정류장을 가야 하는 캠핑장이긴 하지만 가이드북에서 보기 드문 별 다섯 개짜리라 호기심이 생겼다. 입구부터 포스가 남다르더니 입구에서 캠프사이트까지 시간대별로 셔틀버스도 운행할 정도로 규모가 컸다. 체크인을 하고 들어가자 푸른 잔디가 깔려있고 주변에 나무들이 많았다.

비가 부슬부슬 내리고 있어서 서둘러 텐트를 치고 어두워지기 전에 샤워 도구를 챙겨 샤워실로 향했다. 캠프사이트가 크니 샤워장까지 꽤 걸어야 하는 번거로움이 있긴 했지만 가는 길에 다른 사람 텐트도 들여다 보고 캠핑카도 구경했다. 샤워장에 도착하자 캠핑장 입구보다 더 아우라가 넘치는 큰 건물이 눈에 들어왔다. 보통 샤워장은 단순하게 간이 건물로 지어놓은 경우가 많은데 이곳은 샤워장이 가장 멋진 건물이었다. 안으로 들어서자 바닥과 벽이 대리석 벽돌로 지어진 공간 안에 잔잔한 클래식 음악이 흐르고 있었다. 비 오는 조용한 오후에 화장실에서 듣는 클래식 음악이라니. 게다가 넓은 화장실과 샤워시설뿐만 아니라 개인 욕실처럼 화장실과 샤워실 일체형도 있었다. 마치 호텔처럼 고급스럽고 우아했다. 서둘러 씻고 가려던 맘이 바뀌었다. 그동안 공동샤워시설에서 급하게 씻느라 뻣뻣한 상태였던 머리를 공들여 감고 거의 쓰지 않아 새것이었던 헤어 트리트먼트도 사용했다. 급한 날은 고양이 세수를 하고 선크림을 대강 바르는 것으로 마무리했던 터라 피부가 엉망이었는데 가방에 처박아 두고 버릴까 고민했던 조그마한 얼굴 팩 샘플을 찾아 잔뜩 바르고, 마사지도 했다. 곧 저녁을 먹고 잘 시간이었지만 비치된 드라이기로 머리도 예쁘게 말려 곱게 빗어 넘겼다. 평소 관리를 열심히 하는 부지런한 타입이 아니지만 오랜만에 공을 들이고 있자니 '여자라서 행복해요.' 소리가 절로 나왔다. 얼마 만에 누려보는 호사인가 싶었다.

혼자만의 즐거운 시간을 보내고 텐트로 돌아가니 근처에서 서성거리던 흑설탕이 걱정스러운 얼굴로 다가오며 왜 그렇게 오래 걸렸는지 물었다. 마사지 삼매경에 빠져서 몰랐는데 한 시간 반을 샤워장에 있었던 것이었다. 저녁을 먹고 씻으러 가는 흑설탕에게 맘껏 즐기고 오라고 했더니 "에이, 뭘 그렇게까지…."라며 웃었다. 그러나 그는 얼굴이 벌겋게 상기되고 손이 쪼글쪼글해진 상태로 두 시간 만에 돌아왔다. 간만에 때도 밀고 내가 쥐여준 마사지 팩도 했단다. 캠핑하면서 느끼는 즐거움은 생각보다 큰 것들이 아니라 일상에서 느끼는 소소한 것들이었다.

터프한 신들의 나라

이탈리아 바리에서 그리스 본토까지 밤에 이동하는 페리를 타려고 항구에 도착하니 생각보다 많은 차들이 승선을 위해 대기하고 있었다. 아슬아슬하게 도착을 해서인지 대부분의 차는 배 안의 주차 구역 안에 세웠는데 우리는 다른 차 한 대와 함께 갑판에 주차하라고 했다. 침대칸을 예약했으면 좋았겠지만, 가격이 비싸 입석으로 예약했는데, 배 안에 들어가니 눕기 좋은 자리에는 이불이며 짐들을 내려놓고 잘 준비를 하는 사람들로 만원이었다. 테이블도 상황은 마찬가지여서 의자를 두 개씩 차지하고 누운 사람들이 대부분이었고 잘 생각이 없는 사람들은 밤새 술이나 마실 요량인지 술병을 잔뜩 올려놓고 떠들썩하게 잔치를 벌이고 있었다. 바닥에 눕기는 기대도 못 하고 테이블과 의자를 겨우 사수해서 간식과 와인을 먹으며 버텼다. 하지만 그마저도 새벽이 되자 머리를 가눌 수가 없을 만큼 힘들었다. 잠을 쫓아 보려고 커피를 한 잔 시켰다. 터키 커피처럼 걸쭉하게 설탕까지 듬뿍 넣어 내린 그리스식 커피는 끈적한 것이 입에 짝짝 들러붙었다. 피곤한 밤에 마시니 마치 사약 같아 정신이 번쩍 들기는 했다.

피곤함보다 더 힘들었던 건 엄청난 소음이었다. 사람들이 어찌나 소란스러운지 취하면 취한대로 누우면 누운 대로 이야기를 나누느라 정신이 없었다. 바닥에 자리 잡고 누웠어도 잠이 들지는 못했을 것 같았다. 신들의 나라라 하여 우아한 그리스 인들을 상상했는데 그들은 훨씬 활기가 넘치고 표현이 격정적이었다. 밤이 깊어도 식을 줄 모르는 대화에 갑판으로 올라가 바다도 구경하고 정신을 차려보려 했지만, 소란스러운 배 안에서의 밤샘은 생각보다 쉽지 않았다. 갑판과 선실을 오가며 버티다 보니 해가 뜨고 점심쯤 드디어 그리스 이구메니차 항구에 도착했다.

배에서 내려 항구의 화장실에서 세수하고, 그리스 신들을 깨끗하게 맞이할 준비를 했다. '드디어 그리스 땅을 밟아보는구나.' 하는 벅찬 마음으로 아테네를 향해 달렸다.

그런데, 이제까지 이탈리아의 운전이 제일 개떡 같은 줄 알았는데 그리스는 한술 더 떴다. 아테네가 직선 거리상으로는 항구에서 그리 멀지 않아도 내비게이션상에는 시간이 꽤 걸려 예상은 하고 있었으나 역시나 산길이라 꼬불꼬불했다. 게다가 끊임없이 경사로를 오르락내리락해서 속도를 내기가 여간 어려운 게 아니었다.

그런데 그리스 사람들은 위험한 길을 속도 한 번 줄이지 않고 달리는 데다가 느린 우리 차를 향해서 광선도 쏘고 경적도 울리고 운전이 몹시 사나웠다. 흑설탕과 교대해서 내가 운전을 하니 차의 속도는 더 형편없어서 뒤에 오는 차마다 미친 듯이 추월했다. 한적한 산길을 달릴 때는 나은 편이었는데 시내로 들어오자 차들은 더 난폭해서 운전대를 잡고있는 것이 부담스러웠다. 시간이 지체되어 아테네까지는 못 갈 것 같아 내비게이션으로 인근 캠핑장을 찾느라 운전이 더 꾸물거렸다. 그러자 뒤에서 따라오던 차가 미친 듯이 경적을 울리며 옆으로 오더니 창문을 열고 욕지거리를 하는 것이다. 그리스어라 알아들을 수는 없었지만, 욕이란 게 확실한 그 거친 표정과 입 모양이라니. 성질이 나서 차 문을 열고 뭐 어쩌라고! 하며 맞받아쳤는데 엄청난 속도로 우리 차를 앞질러 가면서 어쩜 그리 많은 단어들을 쏟아 내고 가는지…. 마치 우리 차에다 쓰레기를 던지고 달아나 버린 것 같은 기분이었다. 어이가 없어 이후로 나는 그리스에서 운전대를 잡지 않았다. 고대 신들은 어땠을지 모르겠지만, 후예들은 생각보다 과격하고 터프했다.

영원한 로망 산토리니

산토리니에서 보낸 시간들을 생각하면 꿈을 꾼 듯 몽환적인 느낌이 든다. 어떤 곳은 만났던 사람들이 먼저 떠오르고 어떤 곳은 보았던 유물이나 유적지가 떠오르고 어떤 곳은 그곳의 자연이 떠오르는데 산토리니는 꿈꾼 것처럼 매일 뭐했는지 정확한 일정이 잘 기억 나지 않는다. 다만 무척 고요했고 무척 여유로웠고 무척 아름다웠다는 추상적인 느낌만 떠다닐 뿐.

그리스 본토 아테네에서 페리를 타고 에게 해의 최남단 섬 산토리니 뉴 포트 선착장에 도착했다. 막 해가 떠오르고 있어 아직 어둑한 항구에는 숙소를 정하지 않은 여행객에게 호객하는 사람이 많았다. 숙소를 정하지 않은 터라 그들이 나누어 주는 팸플릿을 쭉 둘러보고 가격을 물어 인상 좋은 아주머니를 따라가기로 했다. 아주머니의 차량 꽁무니를 따라 도착하니 이아 마을과 파라 마을 중간쯤 개별 부엌과 수영장이 있는 깨끗한 호텔에 도착했다. 그러나 캠핑과는 달리 숙소는 하나도 중요하지 않았다. 산토리니에서는 종일 거리를 걸을 테니 말이다.

해가 반짝 떠올라 날은 환해졌고 짐을 풀고 무거운 배낭 한구석에 가지고 다녔던 산토리니 풍 하늘색 블라우스를 꺼냈다. 몇 벌의 옷으로 버티는 여행이라 사진을 찍으면 같은 얼굴과 같은 패션에 배경만 달랐는데 산토리니에서는 그러고 싶지 않았다. 짐을 줄이려고 속옷까지 버리던 상황에서도 산토리니 블라우스는 배낭 속에 고이 모셔져 있었다. 나의 집착이 웃긴 흑설탕이 배낭 정리를 할 때마다 언제 버릴 거냐고 놀렸지만 끝내 버텨냈다. 드디어 블라우스를 입는 감격적인 날이 오고야 만 것이었다(그 블라우스는 아직도 내 옷장에 있다).

블라우스도 장착했겠다 사진에서 질리도록 보아 온 피라 마을을 구경하러 나섰다. 입구부터 파란색과 흰색의 조화가 눈부신 마을은 사진에서 본 그대로라 신기했다. 골든스트리트를 거쳐 올라가니 남의 블로그에서 눈동냥해왔던 올드 포트의 588계단과 사람들을 실어 나르는 당나귀의 모습들이 사진에서 튀어나온 듯 생동감 있었다. 오르락내리락 작은 골목을 돌며 시간 가는 줄 모르고 구경했다. 비슷한 기념품을 파는 가게들과 식당들이 대부분이었고 관광객이 많아 좁은 길이 정체되기도 했지만, 어느 곳도 시시하지 않았고 지루하지 않았다. 점심은 에게 해가 내려다보이는 카페에 앉아 파스타와 기로스, 그리고 그리스식 샐러드를 먹었다. 지중해를 감상하며 먹는 점심은 고급스러운 레스토랑보다 화려한 정찬이었다. 석양이 사라지고 마을에 어둠이 내릴 때까지 온종일 쏘다녔다.

다음날은 차를 타고 섬을 한 바퀴 돌아보기로 했다. 피르고스 마을에 들러 산토리니 특유의 파란 지붕의 교회에도 들어가 보고 전망대에 올라가서 섬 전체 전경도 구경했다. 상징적인 이아 마을과 파라 마을을 빼면 사람들이 사는 동네는 사진처럼 화려하지는 않았지만 하얀 지붕 집들이 옹기종기 자리 잡은 모습은 정겨웠다.

피라 마을과 쌍벽을 이루는 이아 마을은 파라 마을보다 한적하고 럭셔리한 느낌이었다. 석양으로 유명한 곳이기에 해가 지기를 기다리며 거리 곳곳을 탐험했다. 고급스러운 리조트들이 도처에 있었다. 산토리니의 상징인 파란색과 하얀색을 살리면서도 개성 있는 스타일을 유지할 수 있다는 것이 신기했다. 절벽에 아슬아슬하게 걸린 수영장과 카페테리아는 예술이었다. 건물도 파랗고 바다도 파랗고 하늘도 파랬지만 같은 파랑이 아니었다. 다른 느낌, 다른 깊이의 파랑이었다.

이아 마을을 둘러보면서 길거리에 아무렇게나 자리 잡고 사람의 손길을 마다치 않는 강아지와 고양이의 재롱에 쉬엄쉬엄 걸을 수밖에 없었다. 급한 것이 없어 어느 때고 멈춰 동물들과 놀았다. 사람과 동물이 함께 하는 섬, 이곳이 천국이 아닌가 싶었다. 절벽 끝에 자리 잡아 아랫집의 지붕이기도 하고 윗집의 마당이기도 한 계단에 앉아 에게 해를 바라봤다. 마실 나온 고양이가 심심했던지 무릎으로 올라앉았다. 바닷바람에 일렁이는 바닷물의 파고와 하얀 물보라를 일으키며 항구로 들어오는 페리들의 궤적을 굽어보았다. 아름답고 몽환적이었던 산토리니 또한 다음에 다시 와야 하는 여행지 중의 하나로 꼭꼭 마음속에 새겨두었다.

지구 속의 우주

우리는 어느 나라 사람일까요?

그리스 산토리니에서 배를 다섯 번이나 갈아타고 터키에 도착했다. 태풍으로 배가 뜨지 않는 바람에 정박한 배에서 이틀을 보내기도 했다. 고된 일정이었지만 두 다리가 땅에 닿으니 기뻤고, 차로 신나게 평야를 달리는 기분이 새로웠다. 황량한 평야가 끝없이 펼쳐졌다.

3개월의 유럽 자동차 여행을 계획할 때 차와 함께 배로 이동해야 하는 그리스와 터키에 대해 고민을 많이 했었는데 그리스와 터키가 크고 넓은 데다가 구석구석 색다른 관광 포인트가 많아서 결론적으로는 무리해서라도 차를 가지고 오기를 잘했다 싶다. 특히 터키는 유럽에서의 남은 한 달을 다 쏟아부어도 모자를 만큼 볼거리, 먹거리가 많았다.

'파묵갈레'로 가는 길에 고대 그리스 로마 유적인 에페소에 잠깐 들르기로 했다. 유럽 어디를 가도 볼 수 있는 고대 그리스 로마 유적이기에 가볍게 방문했는데 오히려 이탈리아 로마보다 그리스 아테네보다 웅장하고 매력적이었다. 성수기가 아니라 에페소에 들어서는 사람들이 몇 되지 않아 모처럼 여유로운 마음으로 살펴볼 수 있었다. 셀수스 도서관, 하드리아누스 신전, 원형극장을 둘러보는데 에페소에 대한 사전 정보가 없어도(나중에 찾아보고서야 알았지만) 그 규모와 건물과 조각의 섬세함에 얼마나 아름다운 도시였을지 상상하고도 남음이 있었다. 게다가 에페소에 터를 잡은 사랑스러운 새끼고양이들이 돌아다니는 내내 다리 사이를 졸졸 따라다녀서 산책이 더 즐거웠다.

그런데 입구가 소란스럽더니 에페소 관광지가 들썩들썩했다. 단체 관광객이 도착한 모양이었다. 여유롭게 산책하고 싶어서 서둘러 걸음을 옮겼지만 급하게 에페소를 훑는 단체 관광객에게 따라 잡히고 말았다. 처음에는 소란스러움에 중국 사람일 거로 생각했는데 가까이 본 그들은 멋을 낸 한국의 중년 관광객들이었다. 가이드의 간단한 설명이 끝나기가 무섭게 카메라 셔터를 누르고 유적을 배경으로 증명사진을 찍는 그들로 인해 평화롭게 잠자던 에페소가 깨어난 듯 왁자지껄했다. 아예 관광객들을 보내고 천천히 걷기로 하고 셀수스 도서관 앞에서 자리를 잡고 앉았다. 긴 여행으로 꾀죄죄 해 보이는 것일까? 우리가 한국사람이라는 생각은 전혀 하지 않는지 지나쳐가면서 한마디씩 했다.

"쟤네도 관광객이겠지? 일본 사람인가. 행색이 초라한 거 보니 중국사람인 것 같기도 하고…."

"둘이서만 다니는 거 보면 일본 사람 아닐까?"

"사진 좀 찍어 달라고 할까? 네가 영어로 말 좀 걸어봐."

눈이 마주치면 반갑게 인사를 하려고 했는데 귓속말 같지는 않지만, 딱히 우리에게 물어보는 것도 아닌 그들의 대화에 애매해졌다. 한국사람이라고 말하기도 그렇고, 아닌 척하기도 이상한 상황이 되어 버린 것이었다. 유적 사이에 올라가 단체 샷을 찍으려는데 찍어줄 사람이 마땅치 않아 두리번거리는 아줌마들에게 흑설탕이 다가갔다. "사진 찍어 드릴까요?"라고 하니 깜짝 놀라는 얼굴들이란. 하긴 흑설탕이 심하게 까맣긴 했다. "아휴, 한국사람이었어. 어쩐지…." 하며 고맙다는 말을 반복하고 다음 유물을 향해 스쳐 지나갔다.

단체 관광객이 지나고 난 후 다시 여유롭게 에페소를 구경했다. 과거 활발하게 토론이 벌어졌을 원형극장 계단에 앉아도 보고, 학교에 가거나 출근을 위해 지나다녔을 거리도 찬찬히 걸어보면서 마음 가는 대로 정하는 여행의 여유로움을 한껏 즐겼다.

느끼한 터키 형제들

어느 나라에서는 동양인을 무시하는 태도에 상처를 받는데, 반대로 어느 나라에서는 지나친 오지랖과 관심에 피곤해지기도 한다. 터키인은 친절한 매너로 도움을 주어 좋았지만, 가끔 부담스럽게 참견할 때는 인도에 온 것 같은 생각이 들기도 했다. 특히 터키 남자들의 시선은 인도 남자들만큼이나 반질반질해서 적응하기 쉽지 않았다. 마치 눈으로 만지는 듯한 불편한 시선, 투시경으로 속까지 다 들여다보는 것 같아 마음이 편치 않을 때가 종종 있었다.

카파도키아로 이동하는 길에 점심을 먹으려고 길가 레스토랑에 들어갔다. 인상 좋은 아저씨와 할아버지의 조합이 딱 봐도 부자가 하는 음식점이었다. 한쪽에서는 돌돌돌 케밥이 잘 익고 있고 피타 브래드(케밥을 싸 먹는 '전병' 같은 빵)를 굽는 것인지 고소한 빵 냄새가 풍겼다.

언어가 통하지는 않았지만, 손짓 발짓으로 주문하고 음식 만드는 것을 구경했다. 케밥에 넣을 닭고기를 커다란 칼로 슥삭슥삭 자르는 모습은 볼 때마다 재미있었다. 능숙한 솜씨로 손을 놀리는 할아버지에게 사진을 좀 찍어도 되냐고 물었더니 같이 찍자는 건 줄 알았나 보다. 하던 일을 멈추고 자기 옆으로 오라고 하는 것이었다. 아들이 카메라를 달라고 하더니 찍어주겠다는 시늉을 했다. 음식을 조리하는 장면을 담고 싶었는데 졸지에 할아버지와 기념 촬영을 하게 되었다. 흑설탕과 나 사이에 선 할아버지가 손을 올리며 어깨동무를 하려고 했다. 어깨를 손으로 꽉 끌어당기는데 부담스러워서 살짝 옆으로 피했다. 그런데 손이 미끄러지며 의도한 건지 아닌지 모호하지만 찜찜한 손길로 내 등을 쓱 쓰다듬었다. 소름이 쫙 돋으면서 짜증이 났다. 그런데 두 번, 세 번 셔터를 누르는 동안 어깨도 잡아당기고 허리도 끌어당기면서 계속 스킨십을 했다. 몸을 틀며 피할 때마다 은근히 쓰다듬는 손길이 기분 나빴다. 화기애애한 분위기에 화를 낼 수는 없어 그만 됐다며 서둘러 피하고 자리에 앉았다.

조금 기다리자 고대하던 음식이 나왔고 다행히 맛있어서 기분이 좋아졌다. 그런데 방심은 금물이었다. 식사를 거의 다 마치고 나갈 채비를 하고 있는데 할아버지가 자기네 카메라를 가지고 오더니 같이 사진을 찍자고 하며 내 옆에 바싹 붙어 앉았다. 얼결에 카메라를 받아 든 흑설탕이 사진을 찍어주려고 뒤로 물러나는데 할아버지가 허리에 팔을 감으려고 해서 화들짝 놀랐다. 카메라 뷰파인더로 보던 흑설탕이 깜짝 놀라서 "뭐야 방금?" 이러길래 "아, 진짜 이 할아버지 아까부터 이러네. 환장해. 빨리 찍어 그냥." 하고 옆으로 떨어져 앉아서 찰칵 소리가 나기 무섭게 자리에서 벌떡 일어나 버렸다. 그 길로 인사하는 두 부자의 얼굴을 쳐다보기도 싫어서 가게 밖으로 나왔다. 터키의 좋았던 이미지가 한순간에 무너졌다.

세상에서 제일 행복한 커플

카파도키아로 방향을 잡고 달리는 내내 바위와 흙과 돌이 이루어 내는 풍경들은 삭막하면서도 신비로웠다. 숲이 울창하기보다 돌산이 많아 아프리카의 풍경과 비슷하기도 했다. 그러나 독특한 형태의 지형들이 시시각각 나타나 창밖의 풍경은 지루할 틈이 없었다. 끝도 없이 펼쳐진 평야를 달리고 달렸는데도 한참 동안 다른 차를 만나지 못할 때도 있었다.

동유럽에서는 자연과 인간의 조화를 느꼈다고 한다면 터키에서는 땅과 하늘의 조화를 느꼈다고 할까. 카파도키아에 다 왔을 때쯤에는 표지판이 없어도 신기한 지형으로 인해 목적지에 도착했다는 것을 알 수 있었다. 멀리 보이는 동굴 형태의 집들도 그렇고 버섯 모양의 바위들이 스타워즈의 한 장면이나 영화 세트장 속으로 들어온 것 같았다. 어느 곳을 목표로 달리지 않아도 곳곳에 신기한 지형의 볼거리가 있는 데다 관광지답게 이정표도 잘 되어 있어 말을 듣지 않는 내비게이션에도 불안해하지 않을 수 있었다. 터키 지도가 제대로 나오지 않는다는 사실을 나중에서야 알만큼 신경 쓰지 않고 다니고 있었다.

우리를 반겨준 것은 우뚝 솟아 멀리서도 눈에 띄던 우치사르 성이었다. 입구에 도착하니 기념품을 파는 몇몇 가게와 좌판을 벌여놓은 장사꾼들이 있었다. 돌산에 구멍을 뚫은 성으로 비둘기의 성이라고도 불린다고 하는데 돌산이 흔한 데다 어디서나 보이는 명당이라 성으로 사용하기에 적당했겠다 싶었다. 지금은 비둘기들이 성을 지키는 유일한 파수꾼이지만 과거에는 수많은 사람들로 북적이며 번성했던 시기가 있었으리라. 우치사르 성에 올라가니 내부는 특별할 것이 없었는데 성에서 바라보는 카파도키아는 절경이었다. 갑자기 튀어나오는 비둘기들 때문에 놀랐으나 한낮의 볕을 피해 쉬고 있는 그들을 방해하는 건 오히려 우리였다.

여행사, 숙소, 버스터미널들이 모여 있는 괴레메로 향했다. 숙소를 예약하지는 않았지만, 비수기라 걱정스럽지는 않았다. 여유로운 풍경이 마음까지 여유롭게 만든 듯했다. 괴레메 야외박물관이 있어 둘러보고 숙소를 정하기로 했다. 야외박물관은 지형을 이용해서 만들어진 여러 개의 교회가 모여 있는 곳인데 누가 지금이 비수기라고 했을까. 무수히 많은 관광차들이 주차장에 도열해 있었다. 그 소음에 섞이고 싶지 않아 교회 안으로 들어가지 않고 풍경을 먼저 둘러보려고 차를 돌려 언덕을 올랐다. 꽤 높이 올라간다고 생각하면서 창밖을 내다보자 언덕 아래 풍경에 매료되었다. "차 세워!" 하고 급히 외치자 흑설탕이 오프로드에 터프하게 주차를 했다.

차에 기대어 괴레메의 전경을 구경했다. 해가 뉘엿뉘엿 지고 있어 일대가 붉은 노을로 뒤덮혔다. 붉은색의 땅이 붉은빛으로 물드는 모습은 몽환적이었다. 돌이켜 보니 이탈리아 남부에서 그리스, 터키를 배로 이동하면서 생존을 위한 여행이 다시 시작됐고 그 이후로 싸운 적이 없는 듯했다. 외부의 힘든 상황을 이기려는 노력과 고민이 우리를 결속하게 하는 듯했다. 결국은 잘 먹고, 잘 놀고, 심심할 때만 싸운다는 이야기다. 얼마 가지 않을 낭만일지도 모르지만, 나란히 기대어 같은 풍경을 바라보고 있는 순간, 세상에서 제일 행복한 커플이었다.

또 하나의 위시리스트

전날 게스트하우스 주인 내외와 늦게까지 수다를 떨다가 잠이 들어 피곤했지만 직접 타지는 않더라도 아침에 일어나서 기구들이 하늘을 덮는 광경은 꼭 봐야 한다고 강조를 하는 바람에 힘들게 눈을 떴다. 알람이 세 번 울릴 때까지 흑설탕과 나는 끄고 눕기를 반복했다. 잠들어 버리기 전에 정신을 차리자며 벌떡 일어나 흑설탕을 깨웠다. 다행히 시간은 그리 늦지 않아 무거운 눈꺼풀을 들어 올리며 눈곱만 떼고 옥상으로 올라갔다.

옥상에 올라서니 지형들이 한눈에 들어왔다. 찬 바람이 얼굴을 스쳐 제법 쌀쌀하고 콧물도 났다. 한기에 옷깃을 여미니 흑설탕이 팔을 벌려 안아주었다. 기구들의 행렬을 보지 않더라도 잠에서 깨어나는 괴레메의 새벽 풍경을 보기 위해서 일어나기를 잘했다는 생각이 들었다. 햇살이 부드럽게 퍼지는 모습은 따뜻하면서 신성한 느낌이었다. 해질녘과는 또 다른 생동감이 있었다.

저 멀리 오색 대형 풍선들이 하늘로 오르기 위해서 한참 준비 중이었다. 무서운 소리를 내며 타오르는 불꽃에 쪼글쪼글하던 대형 풍선이 빠른 속도로 팽창했다. 멀리까지 들리는 소리에 연애 시절이 생각났다. 연소공학을 공부하던 흑설탕의 학교로 로켓 쏘아 올리는 것을 구경하러 갔었다. 생각보다 작은 로켓에 실망한 것도 잠시 불을 붙여 연료를 태우니 꽁무니에서 '쉬쉬' 하고 무시무시한 소리를 내면서 불길이 치솟았었다. 작다고 얕볼 것이 아니었다. 잠시 후 로켓이 발사되는 장면은 멋있었고, 긴장한 얼굴로 실험을 진행하던 흑설탕도 멋있었다. 학창시절에는 둘 다 하고 싶은 일로 눈이 반짝반짝했던 것 같은데 둘 다 회사원이 되고 사회에 적응하면서 차츰 생기를 잃어 갔다.

하나둘씩 둥그렇게 모양을 잡아가던 풍선이 하늘로 떠오르고 연달아 수많은 풍선들이 대열에 끼어들었다. 기구들은 곧 수십 개로 늘어났고 카파도키아의 하늘이 온통 기구들로 덮였다. 다들 어디 있다가 모인 것인지 신기했다. 직접 타보았더라면 훨씬 멋졌을 텐데, 비싸다고 포기한 게 후회됐다. 어스름 솟아오르는 찬란한 해와 함께 유영하는 기구들의 행렬을 담으려 둘 다 열심히 셔터를 눌렀다. 달콤한 아침잠을 포기하고 옥상에 올라오기를 잘했다. 다음에는 꼭 다시 와서 기구를 타보리라. 위시리스트에 또 하나가 추가되었다.

아쉬운 동유럽

루마니아 국경에서

북서쪽으로 가다 보니 점차 기온이 떨어졌고 거리와 사람들의 분위기가 터키와는 달랐다. 직감적으로 루마니아 국경에 거의 다 왔다는 것을 알 수 있었다. 서유럽은 국경이 없이 넘나들었는데 터키에서 루마니아를 들어가려면 보도를 지나가야 한다고 해서 조금 긴장이 됐다. 창밖에는 비가 오락가락하고 쌀쌀해져서 중간에 차를 세우고 후드티를 꺼내 입었다. 옷까지 갖춰 입으니 터키에서 루마니아로 그리고 가을에서 겨울로 이동할 마음의 준비가 되었다. 듬성듬성 이어지던 마을도 사라지고 산을 넘는 것처럼 한적한 숲으로 들어가다 국경에 도착했다.

입국수속을 하려고 주차장에 차를 세웠다. 한적한 건물 안에 들어가니 무료한 듯 앉아 있던 직원들의 시선이 우리에게 와서 박혔다. 하늘을 찌를 듯한 높은 코에 움푹 들어간 눈두덩이가 참으로 입체적이었다. 반대로 그들 눈에 우리 얼굴은 얼마나 평면스러울까. 이탈리아 길거리의 한 상점에서 저렴한 선글라스를 사려다가 실패했던 기억이 났다. 유럽인의 얼굴 곡선에 맞게 코 받침이 거의 없고 유선형으로 휜 선글라스들은 어떤 것을 써도 내 코에 걸쳐지지 않았었다. 친절하게 골라주던 주인은 다섯 번째 선글라스까지 실패하자 너털웃음을 지으면서 어쩔 수 없다는 듯 어깨를 으쓱하고 다른 손님에게 가버렸다. 동유럽에서도 결코 내게 맞는 선글라스는 찾지 못하리라.

여권을 들고 어디로 가야 할지 망설이자 카운터 안에 앉아 있던 남자가 이리 오라며 손짓을 했다. 유리 칸막이 안으로 여권을 내밀자 앞뒤로 살피며 "왜 한국인이 터키에서 오는 거야?"라고 물었다. "여행 중이야."라고 하자 한번 쳐다보더니 여권을 쫙 펼쳤다. 사진과 우리 얼굴을 번갈아 보고 뒷편으로 넘기는데 수 없이 찍힌 도장을 보고 눈이 휘둥그레졌다. "여기 너희가 다 돌아다닌 거야?" 우리가 "응." 하고 대답하자 옆에 직원도 고개를 디밀고 구경했다. 둘이서 여권을 한 장 한 장 넘겨 가며 대화하는 분위기로 '얘네 봐라. 많이도 돌아다녔네.'라고 하는 듯했다. 여권에 도장을 쾅 찍은 그는 차를 좀 둘러보겠다면서 밖으로 나왔다.

밖으로 나와 후드티를 꺼내느라고 쑥대밭이 된 트렁크를 민망한 얼굴로 여니 그 안에 들어 있는 텐트와 코펠 등 조촐한 캠핑 살림이 드러났다. "너희 캠핑하면서 다니는 거야? 어디서 캠핑했어?" 이제는 아주 적극적으로 질문했다. 서유럽에서 계속 캠핑을 하면서 왔다고 하니 놀라는 얼굴이었다. 동양인이 프랑스 번호판을 단 차를 가지고 국경을 넘는 일이 흔치는 않은 듯 "너네 어떻게 한국사람이 프랑스 번호판을 달고 있는 건데?"라고 묻는다. "자동차 리스라는 게 있는데…." 하고 흑설탕이 설명하는데 제대로 알아들었는지는 알 수 없지만 다른 직원들도 호기심 어린 표정으로 다가와서 구경했다. "어디가 젤 좋았어?"라고 묻는 말에 "아프리카가 젤 좋았어." 답하자 다들 깜짝 놀라며 아프리카도 이 차로 다녔냐고 물었다. "물론 아니지." 트럭 투어를 했다고 이야기를 하자 놀라던 얼굴들이 부러움의 눈빛으로 변했다. 옆에 있던 다른 직원이 "루마니아에서는 어디를 갈 거야?"라고 묻길래 부끄레슈티를 갈 거라고 했더니

"부끄레슈티도 분명 아프리카만큼 좋을 거야."라며 웃었다. 조금 전까지 낯선 이를 경계하는 그들이었는데 차를 타고 출발하자 어느새 손을 흔들어 주었다. 차가 한참 멀어질 때까지 그들은 우리를 지켜보고 있었다.

드라큘라 고양이

숙소를 예약해 둔 오스트리아 프라하까지 최대한 투어를 자제하고 서두르기로 했다. 미친 듯이 달리다가 숙소가 찾아지면 아무 곳에서나 잠을 청하기로 했다. 루마니아의 유서 깊은 도시들을 스쳐 지나며 정신없이 달렸다. 화장실도 자제하고 식사는 차 안에서 빵으로 해결했다. 늦가을 날씨는 변화무쌍하여 비가 왔다가 그치기를 반복했다. 쌀쌀해지는 날씨에 비까지 더해지니 낮인데도 밤처럼 어둡고 음산한 기분이 들었다. 나무가 울창한 숲을 지날 때면 키가 큰 나무들이 하늘 전체를 가려 해가 진 것 같았다. 키가 크고 뾰족뾰족한 침엽수림이라서 그런지 괴기스러운 느낌이었다. 갑자기 빗방울이 굵어지면서 앞이 안 보일 정도로 비가 쏟아졌다. 드문드문 보이던 마을이 한참 지나도 보이지 않아 초조해졌다. 비가 그칠 기미가 보이지 않아 일단 어디든 마을에 도착하면 하룻밤을 보내고 가기로 했다.

갑자기 불빛이 보이면서 마을이 나타났다. 저녁 9시가 조금 넘었는데 벌써 불이 꺼진 집도 있고 작고 고요한 느낌의 마을이었다. 작은 마을이라면 이방인을 위한 숙소는 거의 없을 확률이 높아 차숙을 하는 것으로 맘 편히 생각하기로 했다. 천천히 움직이며 차 세울 장소가 있는지를 둘러보기로 했다. 마을 끝까지 온 것 같은데 불쑥 브라쇼브라는 지명이 들어왔다. 헉, 여기는 바로 드라큘라 백작 동네! 기쁜 게 아니라 등골이 오싹했다.

다행히 숙소가 있어 잠을 자고 다음 날 아침 드라큘라의 성이라는 브란 성만 보고 출발하기로 했다. 입장권을 끊어서 성안으로 들어가니 관광지라고 하기에는 규모도 작고 잘 관리된 느낌은 아니었다. 비 온 다음이라 음산한 느낌이었다. 성까지 걸어가는 오르막길 사이로 작은 연못도 보이고 울창한 숲길도 보였다. 날 것 그대로 가꾸지 않은 듯한 모습이 더 어울리는 것 같기도 했다.

성 안도 절제된 조명만으로 심플하게 꾸며져 있었다. 드라큘라 백작 영화 포스터와 성에 살았던 실존 인물들의 사진들이 전시되어 있어 으스스한 분위기를 만들어 주었다. 과거 성주의 그림 앞에 서니 혼령들이 오가는 듯한 착각에 어깨가 뻐근해져 왔다. 크고 웅장한 성은 아니지만 좁고 구불구불한 계단과 문이 미로처럼 되어 있어 무서웠다. 미로 끝에 귀신이라도 서 있을 것 같았다.

영화의 모티브가 된 드라큘라 백작의 집이니 실제로 흡혈귀의 집은 아니지만 내내 오싹한 기분이 들어서 흑설탕의 뒤를 졸졸 따라다녔다. 흑설탕은 구경 하는 내내 나를 놀라게 하면서 장난을 쳤다. 웃으며 넘겼지만, 진심으로 무섭고 짜증이 났다. 놀이동산 귀신의 집을 구경하는 기분이었다. 가짜인 걸 알면서도 놀라는 그런 기분.

구경을 마치고 나와 샌드위치를 먹으면서 기념품을 구경하는데 고양이가 졸졸 따라왔다. 어디를 가나 고양이 친구들은 항상 사랑스러웠다. 빨리 먹어 치운 흑설탕과 달리 반 이상 남은 내 샌드위치를 보고 불쌍한 표정을 지으며 나눠 달라고 야옹거렸다. "샌드위치 나눠 줄 테니깐 대신 사진 모델 해줘."라며 카메라를 들이대는데 말을 알아들은 것처럼 도망가지 않고 얌전히 앉아 있었다. 찰칵찰칵! 사진을 찍고 샌드위치를 나눠주고 나니 할 일 다 했다는 듯 샌드위치를 물고 가버렸다. 차를 타고 출발하며 사진 찍은 것을 구경하는데 고양이 사진을 보고 엄청 놀랐다. 드라큘라 성에 사는 고양이다웠다.

한겨울의 마지막 캠핑

자동차를 프랑스에서 반납해야 하기에 갈 길이 멀었지만, 흑설탕이 꼭 보여주고 싶은 곳이라고 하여 할슈타트를 둘러보고 가기로 했다. 사진으로 많이 보아온 할슈타트라 딱 사진만큼의 감흥이지 않을까 싶었지만 생각해주는 마음이 고마워 별로였어도 좋았다고 할 참이었다. 손을 잡고 안쪽으로 걸으면 걸을수록 점점 동화 속으로 들어가는 기분이 들었다. 입구의 대장간은 간판 없이 연장들을 나란히 벽에 걸어놓아 한눈에 보아도 무엇을 하는 곳인지 알 수 있었고 생선 가게에는 생선이 입을 떡 벌리고 있었다. 화려한 장식을 하지 않았음에도 가게가 가진 특징을 재치 있게 표현한 게 인상적이었다. 주인이 얼마나 애정을 들여서 꾸며놓았는지 알 수 있었다. 언덕을 끼고 강가를 향해 옹기종기 모인 아담한 집들은 앞에 내놓은 자전거 하나, 화분 하나에도 무심한 듯 무심하지 않은 감각이 느껴졌다. 좋아하는 모습을 보고 흑설탕이 오길 잘했다며 뿌듯해했다.

여유를 즐기다 보니 낮 동안의 투어 시간이 금방 지나갔다. 점심을 먹은 지 얼마 안 된 것 같은데 날이 저물고 있었다. 서둘러 숙소를 잡기 위해 이동했다. 캠핑장을 찾으려고 좌우를 살피며 쌍트볼프 강을 지나는데 캠핑장 표시가 있었다. 호텔과 함께 캠핑장을 운영하는 듯했다. 호텔에 들어가서 캠핑장 오픈 여부를 물으니 가능은 한데 어떻게 잘 거냐고 묻는다. 텐트에서 잘 거라고 하니까 호텔 지배인이 깜짝 놀라는 얼굴로 밤 날씨가 몹시 춥다면서 텐트에서 자기는 힘들 것 같다고 걱정을 했다. 괜찮다고 어제도 캠핑장에서 지냈다고 하니까, 몹시 걱정스러운 얼굴로 돈을 지불하고 나오는 우리를 따라나서며 "진짜 추울 텐데…."를 연발했다.

호수를 끼고 있는 캠핑장은 꽤 규모가 컸다. 게다가 호텔에 딸린 화장실, 샤워시설과 운동 시설까지 부대시설을 함께 이용할 수 있는 장점이 있었다. 텐트를 꺼내서 치기 시작하자 주변의 캠핑카에서 빼꼼히 내다보는 사람들이 보였다. 외출하고 돌아오는 차량들도 넓은 캠핑그라운드 가운데 동그라니 작은 텐트를 걱정스러운 눈으로 바라보았다.

"사람들이 우리 얼어 죽을까 봐 너무 걱정하는 것 같은데…."라고 하자 흑설탕도, "그러게 너무 불쌍해 보이나." 하며 웃었다. 따끈한 국물이 생각나서 라면을 끓여 먹고 마지막 독일 와인을 마시며 앞으로의 일정을 이야기하고 있는데 지배인이 괜찮냐며 여러 차례 물어와 부담스러웠다. 오히려 밤새도록 히터를 세게 트는 바람에 너무 더워 침낭 밖으로 나와서 잤다.

아침이 되니 호숫가의 풍경이 예술이었다. 물안개가 자욱한 아름다운 호수에 백조들이 놀고 있었다. 아침 산책을 하는 다른 가족들과 함께 백조 먹이도 주고 아기와 함께 놀면서 오전 시간을 보냈다. 그 이후로 더 이상 문을 연 캠핑장을 찾지 못했다. 마지막일 줄 몰랐던 캠핑은 그래서 더 아름다운 추억으로 남았다.

04

인디아나 존스가 되어_ 중동

- 기간: 20일
- 여행지: 요르단, 이집트
- 이동: 육로

마술 같은 요르단

요르단에서의 새로운 시작

밤늦은 시간, 다 왔다는 택시 기사의 말을 듣고 졸린 눈을 비비며 차에서 내렸다. 낯선 시골 동네가 눈앞에 펼쳐졌다. 트렁크에서 짐을 내려주자마자 택시 기사는 굿바이 인사를 남기고 빠르게 사라졌다. 그는 새벽에 요르단 암만의 호텔에서 우리를 태우고 투어를 해주면서 최종 목적지인 와디무사까지 데려다준 차였다. 사해, 제라쉬 유적, 마다바, 느보산 등 기독교의 중요 유적들을 훑듯이 지나오니 어려운 역사 다큐멘터리를 본 것처럼 머리가 복잡했다. 동네 담벼락에 낙서된 꼬불꼬불 아랍어가 마치 자막 올라가는 것처럼 보였다. 며칠 전까지 머물렀던 한겨울의 영국 런던에 비해 따뜻한 늦가을의 요르단 와디무사였지만 왠지 더 추운 것 같았다. 움츠린 어깨를 펴며 흑설탕의 손을 잡았다. 따뜻한 온기에 위로가 되었다.

발렌타인 호텔의 표지판을 따라 걸었다. 요르단에 온 한국인들이 많이 묵는다는 곳 중 하나였다. 호텔은 늦은 시간임에도 초저녁처럼 불빛이 환했다. 페트라 바로 앞에도 호텔이 몇 개 있기는 했지만, 마을 쪽에 위치해 시골 마을의 정취도 느낄 수 있는 데다가 페트라까지 걷기에도 나쁘지 않아 머물기로 했다. 게스트하우스 안으로 들어가니 마당에는 맥주를 한잔하는 대여섯 명의 유럽사람들이 보이고 의자에 앉아 다정하게 이야기를 나누는 일본인 남녀도 있었다. 비수기라고 생각했는데 생각보다 여행객이 많았다. 더블룸 가격이 나쁘지 않아서 3일을 예약하고 안내받은 방으로 들어오니 새벽부터 바쁘고 번잡했던 하루가 비로소 마무리된다는 안도감이 들었다.

그러나 한편으로는 쓸쓸했다. 얼마 전까지 런던 한인 게스트하우스에서 사람들과 어울려 지내다가 다시 낯선 곳에 둘이 남았기 때문이었다. 유럽의 마지막 여행지였던 런던은 다른 대도시와는 달랐다. 박물관, 미술관이 모두 공짜인 데다 싸고 맛있는 게 많아 가난한 여행자도 부담스럽지 않았다. 무엇보다 같이 여행을 했던 부부 여행자 덕분에 더 즐거웠다. 그들을 처음 만난 건 이탈리아 포시타노 부근이었다. 이탈리아 소렌토에서 하룻밤을 머물고 포시타노 해안도로를 따라서 내려오고 있는데 갑자기 흑설탕이 맞은편 차를 향해 신나게 손을 흔들었다. 풍경에 빠져 있던 나는 "왜 손을 흔들어?"라고 물었더니 마주 오는 차량이 우리와 같은 푸조 차량인데, 한국사람인 것 같아서 손을 흔들었다고 한다. 낯선 곳에서 오래 여행을 하다 보니 동양 사람만 봐도 반가워하는구나 싶어 웃기면서 짠했다. 하긴 꽤 오래 한국사람을 보지 못하긴 했다.

이후 프랑스 한인 민박에서 그들을 다시 만났다. 동양인이라는 반가움에 이야기를 하다 보니 그들도 세계여행 중인 부부였고 포시타노에서 푸조를 탄 동양인 커플을 봤다고 하는 게 아닌가. 그날 이후 프랑스를 거쳐 영국에서도 같은 숙소를 예약하고 함께 다녔다. 런던의 자유로운 분위기와 친구가 생긴 기쁨에 낮에는 함께 투어를 하고, 밤에는 한국 음식을 해먹으며 이야기꽃을 피웠다. 그들과 작별의 인사를 나눌 때는 정말 아쉬웠다. 여행 중 자주 겪은 감정이고 앞으로도 무수히 겪을 감정이겠지만, 이번에는 더 오래 갈 것 같았다.

여행 관련 책자를 얻으려고 로비로 내려갔다. 안쪽 휴게실이 시끌시끌해서 들여다보니 사람들이 인디아나 존스를 보고 있었다. '인제적 영화야.' 하고 뒤를 돌아서며 생각해보니 인디아나 존스의 배경이 페트라라는 것이 생각났다. 여기 와디무사에 오는 사람들의 99%는 나바테아 왕국의 고대 도시 페트라를 보기 위해 방문하는 것이니 옛날 영화 속 페트라를 찾아보는 것도 의미 있을 것 같았다. 문득 인디아나 존스를 좋아하시는 아빠 생각이 났다. 내 방랑벽의 원조이며 아직도 전국 일주를 하고 싶다고 말씀하시는 우리 아빠. 로마에서는 성당에 다니는 엄마 생각이 나더니 여기 중동에는 아빠가 좋아할 만한 것들이 너무 많았다.

늦은 밤이 되자 서늘하게 느껴져서 무언가를 껴입으려고 배낭을 뒤적거렸다. 유럽 캠핑 중에 늘어난 짐들을 줄이느라 고생했는데도 배낭 속에 뭘 어떻게 쑤셔 넣었는지 어수선했다. 옷가지를 정리하다 보니 인도 바라나시에서 맞춘 전통의상, 잠비아에서 산 반소매 티셔츠, 내복 대신 입으려고 런던에서 산 티셔츠 등 여행의 흔적들이 수두룩했다. 누군가 보기에는 잡동사니일 수도 있겠지만 산 곳의 추억이 고스란히 남아있고 앞으로도 요긴할 물건들이었다. 그렇게 보고 싶던 요르단의 페트라에 왔으니 또 새로운 추억을 안고 갈 터였다. 언젠가는 꼭 세계여행을 하리라 다짐했던 게 대학교 때였던 것 같은데 어느새 결혼하고 중동 어느 나라의 게스트하우스에서 밤을 보내고 있다니, 기분이 묘했다.

잠 못 이루는 건 우리만이 아니었던지 옆 방에서는 샤워하고, 아래층 인디아나 존스를 보던 사람들은 환호하고, 맥주 마시는 사람들은 신나서 떠들며 새벽까지 호텔은 소란스럽고 들떠 있었다.

인디아나 존스가 되어

페트라가 어느 쪽이냐고 묻지 않아도 같은 방향으로 달리는 관광버스들과 걸어가는 여행자들을 보고 자연스럽게 알 수 있었다. 처음 와본 중동이지만 아프리카의 어느 도시에 와 있는 듯 소박한 풍경이 마음에 들었다. 아랍어 낙서가 지저분한 담벼락에서 사진도 찍고 골목에서 뛰어나온 아이들과 인사를 나누기도 했다. 구멍가게가 있어 점심에 먹을 빵과 음료수를 사고 조금 더 걷다 보니 어느덧 페트라 매표소 앞에 도착했다. 현지인에게는 1,500원밖에 안 하는 입장료가 외국인에게는 4만 원이었다. 이미 인도 타지마할에서 겪었던 여행자의 설움(?)이라 새삼스럽지는 않았지만 피 같은 돈이라 더 알차게 열심히 둘러봐야겠다는 생각이 들었다.

페트라 입구로 들어서자 나무 그늘 하나 없는 황량한 대로가 펼쳐져 있고 길의 양옆에 돌산과 인공적인 구조물들이 늘어서 있었다. 중국의 석림이 떠오르기도 했고, 터키의 카파도키아가 떠오르기도 했다. 길 위에는 낙타와 당나귀가 끄는 마차가 달리고 있어서 여행객들만 아니라면 진짜 인디아나 존스 속으로 들어왔다는 착각이 들만했다. 그들은 대부분 장사꾼으로 손님을 태우고 있거나 태우기 위해서 열심히 호객을 하고 있었다. 페트라를 다 둘러보려면 상당한 체력이 필요하다는 것쯤은 각오하고 있었던 터라 미지의 탐험가가 된 듯 천천히 둘러보았다. 다양한 모양의 돌산을 구경하다 보니 곧 페트라로 들어가는 좁은 협곡인 시크가 펼쳐졌다. 2㎞나 되는 시크의 자태는 돌과 하늘과 시간이 만든 자연의 그림 같았다. 저 끝에 알카즈네가 있을 거라는 기대감에 마음이 설레었다.

'인디아나 존스 3편 최후의 성전'의 배경으로 유명한 알카즈네는 보물창고라는 뜻으로 바위를 깎아 만든 건축물이다. 높이가 아파트 15층에 달할 정도라고 하니 얼마나 많은 사람들이 동원되었을지 짐작되었다. 거의 다 온 것 같다는 생각이 들 때쯤 많은 사람들이 모여 사진을 찍고 있었다. 그곳은 바로 시크 사이로 보이는 알카즈네를 담을 수 있는 촬영 포인트였다. 사람들이 찍고 지나기를 기다려 협곡 사이로 보이는 고대 문명의 흔적을 감상했다.

"우리 아빠가 보면 진짜 좋아하셨을 텐데." 혼잣말처럼 되뇌는데, "다음에 모시고 오면 되지. 어머니 모시고 로마 가고 아버지 모시고 중동 오자!" 하고 흑설탕이 웃으며 말했다. 중동으로 넘어오면서 여행이 생존 모드로 바뀌고 싸우는 일이 줄었다.

시크를 지나 웅장한 알카즈네 앞 작은 광장으로 들어섰다. 수많은 관광객과 낙타 몰이꾼들로 알카즈네가 쩌렁쩌렁 울리고 시끄러웠다. 막상 안을 들여다보니 외형의 화려함 대비 텅 빈 공간뿐이었지만, 과거에는 정말로 보물이 가득했을까. 보물이든 인디아나 존스든 후세의 사람들에게 무한한 상상력을 발휘하게 해 주는 건축물인 것은 확실했다.

낙타와 함께 담는 알카즈네 또한 중요한 촬영 포인트라 많은 사람들이 사진을 찍느라 정신이 없었다. 광장 가운데 긴 다리를 접고 앉은 낙타는 다물어도 웃는 것처럼 큰 반원을 그리는 입 모양이 귀엽고 유쾌했다. 그런데 큰 눈과 긴 속눈썹은 슬퍼 보이기도 해서 억지로 웃는 느낌도 들었다. 다들 낙타를 만져보기도 하고 간식을 주기도 하는데, 관심을 받는 것이 익숙한지 얌전했다. 외국 여자가 들고 있던 비스킷을 내게 나눠주었다. 비스킷을 먹으려고 낙타의 얼굴이 가까이 다가왔다. 축축한 입술이 손에 닿았지만, 요령 있게 비스킷만 낚아채갔다. 소가 여물 먹듯 과자를 씹는 모습이 귀여워서 과자를 더 얻었다. 낙타 먹이 주는 게 이렇게 재미있는 일이라니, 흑설탕이 길을 재촉하지 않았더라면 한 시간은 놀았을 듯싶다.

오른쪽으로 걸어 들어가자 확 트인 공간이 나왔다. 알카즈네의 비밀의 문안으로 들어선 느낌이었다. 길가에는 모래그림을 그려 파는 상점이 있어 기념품도 사고 만드는 것도 구경할 수 있었다. 원형극장을 거쳐 고대 도시의 중심지를 향해 걸었다. 그늘 한 점 없는 열주대로를 따라 목욕탕, 사원, 극장, 왕궁과 비잔틴 양식의 교회 등을 구경했다. 어제 게스트하우스에서 가이드북을 미리 보지 않았더라면 뭐가 뭔지도 몰랐을 거다.

그러나 아직 갈 길이 멀었다. 최종 목적지인 알데이르 수도원은 험난한 길을 더 올라야만 만날 수 있기 때문이었다. 수많은 돌계단을 오르고, 바위 절벽을 지나고 언덕을 넘었다. 의외로 풍경이 다이내믹해서 평지를 걷는 것보다 재미있기도 했고, 정오가 지나 해가 약해져서 걸을 만했다. 한참 땀이 나도록 오르다 보니 평지가 나오면서 거대한 알데이르가 모습을 드러냈다.

좁은 알카즈네의 광장에서는 건축물을 전체적으로 조망하기가 쉽지 않았는데 알데이르는 널따란 평지에 우뚝 솟아 있어 웅장한 모습을 한 화면에 담을 수 있었다. 먼 길을 거쳐야 해서인지 보존 상태도 좋았다. 아침부터 움직여서 다섯 시간 이상을 걸었는데 힘들다는 생각이 들지 않았다. 맞은편 언덕에 올라앉아서 굽어보니 가슴이 벅찼다. 페트라 하나만을 일주일 내내 방문한다는 사람들이 이해가 갔다.

돈과 시간을 써가며 여행을 해서 얻고 싶은 게 무엇이냐고 묻는 사람들이 종종 있다. 언덕에 올라 알데이르를 굽어보며 느꼈던 그 감정, 그 느낌을 어떻게 말로 다 설명할 수 있을까.

스쿠버다이빙의 추억

다합에서 스쿠버다이빙 1

다합에 도착할 때까지도 스쿠버다이빙을 꼭 배워야 하나 고민했는데 흑설탕의 '뽐뿌질'과 다합의 분위기에 취해 정신을 차려보니 나는 이미 공기통을 매고 이집트 홍해 바닷속에 들어와 있었다. 흑설탕은 스쿠버다이빙을 배우고 싶어 했지만, 나는 꼭 해봐야겠다고 생각했던 건 아니었다. 수영을 할 수 있긴 했지만, 수영장에서나 가능한 일이라 바다에 대한 두려움을 떨치긴 힘들었다. 그 안에 뭐가 있을 줄 알고!

다합에 도착하자마자 인터넷에서 보고 찜해 놓은 한국인 업체 '다합다이버스'를 찾아갔다. 숙소도 정하지 않은 터라 다합 다이빙에서 소개해준 게스트하우스에 머물기로 했는데 한국사람들이 많았다. 마침 저녁으로 닭볶음탕을 만들고 있어서 얼결에 맛있는 저녁을 얻어먹을 수 있었다. 다이빙이라는 공통분모로 모인 사람들은 바닷속 이야기로 눈이 반짝반짝했다. 어떤 이는 일주일 여정으로 왔다가 한 달째 눌러앉았다고 하고, 어떤 이는 한국으로 돌아갔다가 이집트의 바다가 그리워 다시 왔다고도 했다. 다들 어떻게 하면 더 깊은 곳, 더 새로운 곳을 볼 수 있을까 하는 생각뿐이었다. 여기 와서 다이빙을 안 한다는 건 이상한 사람이라는 분위기였다. 안 해본 사람은 있어도 한 번만 해본 사람은 없을 거라고 했다. 결국 오픈워터 과정의 신청서를 작성하고 다합에서 다이빙을 배우게 되었다.

첫날의 교육은 지옥 같았다. 이론으로 간단히 내용을 배울 때는 쉽게 할 수 있을 것 같았는데 장비가 생각보다 무겁고 복잡하다는 것을 미처 고려하지 못했다. 다이빙수트는 너무 타이트하고 민망해서 장기 여행으로 살이 지나치게 내려 볼품없는 몸매가 적나라하게 드러났다. 게다가 수트가 짧아 발목이 가려지지 않았다. 수트 길이에 맞추면 몸에 너무 크고 몸에 맞추면 종아리에서 수트 길이가 끝났다. 어설픈 내 모습을 보고 해랑 강사님은 계속 미안하다고 했다. 너무 미안해하니 내가 더 미안했다. 거울을 보지 않아도 대략 느껴지는 초라함에 차라리 서둘러 물속으로 들어가고 싶어졌다.

처음에는 얕은 물에서 무릎을 꿇고 가장 기초적인 호흡기로 숨 쉬는 법을 배웠다. 막상 물속에 머리를 다 넣고 나니 겁이 났다. 물 밖으로 머리를 자꾸 빼는 나를 보고 해랑 강사님이 나지막이 "큰일 났네." 하신다. 내가 더 큰일이다. 공기가 희박해지는 것 같아 급하게 몰아 쉬게 되고 그럴수록 숨이 가빠왔다. 육지에서는 운동신경이 좋은 편이라고 자신했는데 물속에서는 두려움이 통제가 안 됐고, 민폐를 끼치고 있는 것 같아 속상했다. 얼마나 마우스피스를 꽉 깨물고 있었던지 입술에 피가 배어들었다.

겨우 숨쉬기가 적응되자 머리 위로 물이 찰랑거리는 조금 깊은 물 속에 들어가 마스크, 호흡기, 부력조절기 등의 장비 사용법과 '중성 부력'을 유지하는 법, 물의 기압에 귀가 적응하도록 '압력 평형'을 만드는 '이퀄라이징 방법' 등을 배웠다. 비행기에서도 귀가 많이 아픈 편이라 이퀄라이징을 잘할 수 있을지 걱정됐다. 이런 나의 마음은 아랑곳없이 흑설탕은 강사님이 시범조교를 시킬 만큼 우등학생이었다. 물 만난 고기가 따로 없었고, 흑설탕까지 헤매지 않는 것만으로 감사했다.

점심을 먹고 기본 교육이 어느 정도 끝나서 조금 더 물밑으로 내려가서 교육을 진행했다. 물에 뜨지 않는다고 투덜대던 것과 달리 물속에 가라앉는 것 또한 만만치 않았다. 다른 교육생들과 같이 허우적대다 보니 차츰 적응됐는데, 물속으로 조금 들어왔을 뿐인데 갖가지 물고기들이 보여 신기했다. 하지만 아직 여유롭게 바닷속 감상을 하기에는 갈 길이 멀었다. 남들보다 뒤처지는 건 싫어서 강사님의 말을 열심히 들으며 최선을 다했다. 즐기지 못하고 그저 최선만 다하다 보니 하루는 길고 힘들었다.

숙소에 모여서 다 같이 저녁을 먹는데 오늘 다이빙이 어땠냐고 사람들이 물어보았다. 흑설탕은 궁금한 것을 물어보며 신이 났다. 밥을 먹는 와중에도 귓속에서는 쐭쐭거리면서 호흡기 숨소리가 들리는 듯했고 머리가 띵했다. 지끈지끈 두통이 심해서 먼저 방으로 들어와 잠깐 누웠다가 그대로 잠이 들어버렸다.

다합에서의 다이빙 2

다음날은 바닷속 생존을 위한 몇 가지의 기술을 더 배우고 실습했다. 더 깊은 물속으로 들어가니 바닷속이 환해지면서 수많은 물고기들과 산호를 볼 수 있었다. 바닷속은 고요하고 평화로웠고, 한편으로 그 깊이와 속을 알 수 없어서 무섭고 두려웠다. 평정을 유지하려고 노력하면서도 주변 풍경을 놓치지 않으려고 안간힘을 썼다. 잠깐의 유영이었지만 다시 밖으로 나오니 기운이 하나도 없었다. 스노쿨을 자연스럽게 입에 물고

숨을 쉬어야 하는데 너무 꽉 물어 턱이 다 아팠다. 그런데 어제와는 좀 달랐다. 물속에 들어갔다 나올 때마다 묘한 성취감이 있었다.

점심을 먹고 다시 의욕 넘치게 다이빙을 하러 들어갔다. 부드럽게 잠수를 하면서 시작이 좋았다고 기뻐하고 있는데 갑자기 부력 조절에 실패하면서 물 위로 솟구치고 말았다. 당황해서 다시 물속으로 들어가려고 숨을 힘차게 들여 마시는데 급하게 움직인 탓에 이번에는 물속으로 급하강을 하고 말았다. 빠른 속도로 가라앉으니 이퀄라이징을 제대로 하지 못해서 귀속에서 '삑'하고 호루라기가 울렸다. 당황하면서 허우적거리는 사이 바닷속이 내 주변을 핑글핑글 돌았다. 머리가 어지러워서 눈을 질끈 감았다. 진정이 되어 눈을 떠보니 앞에서 해영 강사님이 괜찮냐며 신호를 보냈다. 몇몇은 아직도 물 위에서 하강하기 위해 안간힘을 쓰고 있었고, 하강한 몇몇은 사람들이 내려오기를 기다렸다. 곧 나를 비롯한 일행 모두 침착하게 물속으로 내려왔고 호흡도 부력도 정상을 회복했다. 오히려 한번 혼란을 겪고 나니 요령이 생겼다. 깊이 들어가는 것에 대한 두려움도 어느 정도 떨칠 수 있었다.

삼 일째 되던 날 오픈워터 자격증을 따기 위한 마지막 다이빙을 남겨놓았다. 어제보다 더 깊이 그리고 많은 물고기들을 보기 위해서 지금과는 다른 포인트로 넘어왔고, 이제는 다들 빨리 물속에 들어가고 싶어 했다. 지금까지 배운 대로 침착하게 물속에 내려와서 중심을 잡고 보니 흑설탕은 선두그룹과 함께 가버려 부지런히 오리발을 놀리면서 그들을 따라갔다. 얼마 안 들어간 것 같은데 시야가 환해지면서 무수히 많은 산호들이 보였다. 산호 군락 위로 이동하자 환상적인 색의 물고기들이 오가는 것이 보였다. 물속이 맑은 것인지 물고기들이 밝은 것인지 색이 선명해서 신기했다. 산호 사이의 물고기를 자세히 보기 위해서는 산호와 적당한 거리를 유지해야 하는데 중성 부력 상태에서 움직이는 게 생각보다 쉽지 않았다. 한 친구가 산호를 밟고 올라서는 바람에 강사님이 주의를 주느라고 난리가 났다.

나름 대열을 갖추고 강사님을 따라가며 바닷속을 즐기고 있는데 한 무리의 다이버들이 다가왔다. 섞여서 일행을 놓칠세라 바싹 따라가는데 자세히 보니 숙소에 있던 사람들이 응원차 '펀 다이빙'을 하러 나온 것이었다. 어드밴스드는 기본이고 마스터 과정을 하고 있는 노련한 사람들이 대부분이라 역시 여유가 있었다. 이래서 다이빙 로그 수는 못 속인다고 하나보다. 노련한 사람들이 앞뒤에서 이끌어 주니 다이빙이 한결 수월했다. 더 깊이 들어가니 얕은 물속에서 보던 바다와는 차원이 달랐다. 큰 물고기들이 떼 지어 있을 때는 무섭기도 했다. 이래서 더 깊은 곳, 더 새로운 곳으로의 다이빙을 꿈꾸는구나 싶었다. 올라갈 시간이 되자 교육생 모두 아쉬워했다. 들어갈 때는 앞서던 흑설탕이 나올 때는 제일 늦장이었다.

아름다운 홍해 바다를 온몸으로 느낄 수 있는 것은 물론이고, 배움의 시간을 함께하는 사람들이 있다는 것이 다합을 여행자의 블랙홀로 만드는 이유이리라.

과거의 도시

룩소르의 나일 강변에서

나일 강가 쪽으로 방향을 잡고 걷는데 한 이집션(이집트 사람)이 "안녕하세요! 한국사람이죠? 나는 만도에요!"라며 말을 걸었다. 그 유명한 룩소르의 만도를 만나다니 반가웠다. 숙소도 정했고, 투어도 개별로 할거라 딱히 도움받을 일은 없었지만 다른 나라의 여행자에게 호의를 보여주는 그가 고마웠다.

나일 강 근처로 오니, 동네의 길과 달리 깨끗했다. 유유히 흐르는 강과 주변의 조경이 조화를 이뤄 여유롭고 이국적이었다. 강가에는 펠루카가 나란히 정박해 있고, 길가에는 당나귀가 끄는 마차들이 손님을 기다리고 있었다. 그리고 뜻밖에도 나일 강변 바로 옆에 룩소르 신전이 있었다. 페트라는 입장권을 끊고도 한참을 걸어가야 해서 세계적인 유적을 볼 마음의 준비를 할 시간이 있었는데 세계적인 유적이 마치 동네 전봇대처럼 무심히 서 있었다. 아름다운 룩소르 신전을 바라보며 강변을 걸었다. 내일부터 보게 될 수많은 유적에 비하면 상대적으로 작은 규모일 수 있지만, 신전의 담장 넘어 우뚝 솟은 석상들이 웅장했다. 해가 지면서 나일 강변이 붉게 물들고, 신전의 석상들도 노을을 따라 그림자의 위치를 바꾸었다. 절묘한 시간대를 골라 왔구나 싶어 기분이 좋았다. 그러나 나일 강변의 여유를 느끼며 상념에 빠질 시간은 쉽게 주어지지 않았다. 마차를 타거나 펠루카를 타라며 이집션들이 끊임없이 말을 걸어왔기 때문이었다. 우린 그냥 조용히 산책하고 싶은데 좀 가만 놔두란 말이닷!

룩소르 신전을 지나 올라가니 엘수크 재래시장이 보였다. 엘수크 시장은 밤이 되면서 활기를 띠었다. 여행자들을 위한 골동품과 기념품 가게에서부터 과일, 채소, 에이쉬(이집션이 주식으로 먹는 빵) 등 소소한 먹거리들을 파는 좌판들도 많았다. 치킨을 굽고 있는 식당도 보였고, 따진이나 샥슈카(이집트 국물 요리)를 보글보글 끓이고 있었다. 맛있는 냄새가 가득해서 아직 배가 덜 고픈 게 아쉬웠다. 어느새 시장을 벗어나고 낯선 골목길로 들어섰다. 이집트의 평범한 동네였다. 나일 강가와는 달리 비포장 흙길이었고, 드문드문 가로등이 있긴 했지만 조금 어두웠다. 그러나 사람들의 밝은 얼굴에 무섭지 않았다. 집 앞 골목에 의자를 놓고 앉아 담소를 나누기도 하고, 할아버지들이 모여 시샤(물담배)를 피고 있기도 했다. 마당 앞에서 놀던 아이들은 우리를 보면 손을 흔들었고, 사진을 찍어달라고 하기도 했다. 여행자들을 자주 볼 텐데도 반갑게 아는 척을 해주어 기뻤다. 룩소르에는 아름다운 나일 강과 세계적인 유적들, 재래시장, 평범한 동네 등 모든 게 있어 이집트의 과거와 현재를 보기 위한 최적의 도시라는 생각이 들었다.

다시 룩소르 신전 근처에서 저녁을 먹기 위해 돌아가려는데 막상 타려니 그렇게 많던 마차가 하나도 보이지 않았다. 주로 관광객들이 갈만한 곳에 몰려 있을 터였다. 할 수 없이 방향을 틀어 걷는데 말에게 채찍질하며 서둘러 가던 마차가 우리를 보고 길을 돌려왔다. 룩소르 신전 쪽으로 가달라고 하니 별말 없이 타라고 한다. 나는 일단 올라타는데 셈 빠른 흑설탕이 재빨리 얼마냐고 묻는다. 아저씨는 무심한 얼굴로 그냥 둘이서 5이집트파운드(400원)를 내라고 한다. 보통 2파운드에서 시작해서 이리저리 끌고 다녀 내릴 때쯤 50파운드 정도 내게 된다던데 별다른 말도 없고 태도가 덤덤했다. 왔던 길을 휙휙 지나쳐서 룩소르 신전까지 금세 왔다. 흑설탕이 박시시(팁)를 더 줄까 고민하는 얼굴을 하다가 약속한 5파운드만 건네는데 별말 없이 받고 돌아섰다. 유적지가 아닌 동네 골목에서 나와서일까. 이후로 두 번 다시 볼 수 없었던 깔끔한 태도의 이집션이었다.

밤이 되자 룩소르 신전이 환한 조명등 사이로 더 신비롭게 빛나고 있었다. 오늘은 첫날이니 좀 쉬기로 했다. 룩소르가 훤히 내려다보이는 3층 레스토랑에 자리를 잡고 종업원의 추천을 받아 샥슈카와 구운 치킨을 시켰다. 걸레 빵이라고 부르는 에이쉬와 샐러드가 세트로 나왔다. 샥슈카는 칼칼했고, 치킨은 고소했으며, 룩소르의 야경은 환상이었다. 자릿값이 있어 음식은 비쌌지만 언제 또 먹게 될지 모르는 정찬이고 내일부터는 투어를 할 예정이라 야무지게 먹었다.

미라를 찾아서

거실에 걸린 이집트 파피루스를 볼 때마다 여행 동안 잃어버리지 않고 잘 가지고 왔다는 생각에 뿌듯하다. 둘둘 말면 부피가 크지는 않았지만, 길이가 길어서 가방 안으로 쏙 들어가지 않는 데다가 숙소에서 나올 때 까먹어서 다시 들어가서 찾아오기를 서너 번은 한 것 같다. 이러다가 잃어버려도 하나도 이상할 게 없다고, 이게 뭐라고 이렇게 챙겨서 다니냐고 열 번도 더 말한 것 같다. 그래도 여행 다녀와서 액자를 만들어 거실에 걸어놓으니 번거로워도 끝까지 가지고 오기를 잘했다는 생각이 든다.

아침 일찍 투어를 하기 위해서 나일 강에서 배를 탔다. 나일 강 건너편으로 넘어가 왕가의 계곡, 핫셉스투 여왕 장제전, 멤논의 거상 등을 보기로 했다. 보통 투어 코스는 여행사를 참고하지만, 단체 투어에는 참가하지 않는 편이라 흥정만 잘한다면 가격이 비싸지 않은(아니, 조금 더 비싸더라도) 마차, 택시 등을 이용해서 개별적으로 다니기로 했다. 이미 흑설탕은 흥정의 달인이기도 하고.

배 입구에서 파는 간식도 사 먹고, 솔솔 바람맞으며 서안으로 넘어오니 호객하는 택시 기사들로 입구가 정신이 없다. 말 많은 사람을 싫어하는 흑설탕이 뒤편에서 다소 소극적이고 조용한 택시기사에게 말을 걸어 왕가의 골짜기, 핫셉수트 장제전, 멤논의 거상을 묶어 가격을 협상했다. 그사이 나는 점심으로 먹을 빵, 음료, 과일 등을 샀다. 택시 상태를 미처 고려하지 못해 에어컨도 안 나오고 허름했지만, 아저씨가 점잖아 보여서 괜찮았다.

택시를 타고 들른 첫 번째 행선지는 왕가의 계곡이었다. 각종 미라

영화로 유명해진 투탕카멘 왕의 무덤이 있는 왕가의 계곡은 파라오들이 도굴을 막기 위해 피라미드를 만들지 않고 석회암질의 지반에 조성한 암굴 무덤으로 지금까지 64기의 무덤이 발굴되었다고 한다. 아직까지 나오지 않은 왕의 미라가 있어 발굴 작업 중이라고 하는데 혹시 우연히 미라를 발견하지는 않을까 하는 엉뚱한 상상을 해봤다. 한때 고고학자가 꿈인 시절이 있었다는 것을 새삼 상기하며 어제 룩소르 유적에 대해서 열심히 공부했는데 파라오들이 너무 많아 머릿속이 소화 불량이었다. 나름 외운 것을 정리하여 이 사람이 이렇게 대단하고, 이 사람이 어쨌고 하며, 택시 안에서 흑설탕에게 브리핑을 해주는데 듣는 둥 마는 둥 건성이더니, 현실주의자 흑설탕은 "어쨌든 지금은 다 미라라는 거지?"라고 간단히 정리해 버린다.

비수기인 것이 무색하게 주차장에서는 관광버스들이 많았다. 입장료는 80이집트파운드(80LE/ 약 16,000원)로 무덤 3개를 골라 볼 수 있고 유명한 투탕카멘 왕의 무덤과 몇 개의 무덤은 추가로 금액을 내야 입장이 가능했다. 내부는 촬영 금지라 매표소 옆에서 캠코더와 카메라를 맡겨야 했다. 어느 정도 허용될 거라고 생각했는데 생각보다 엄하게 규제를 하고 있었다. 왕가의 계곡 앞까지 미니 트레일러를 운행하고 있어 타고 들어갔다. 그러나 막상 들어가니 어떤 무덤이 제일 잘 보존되어 있는지에 대한 정보를 미처 챙기지 못해 열심히 공부한 것이 다 소용이 없었다. 그래서 단체 관광객들이 많이 들어가는 무덤을 참고해서 들어가기로 하고, 그들이 다 나오면 그제야 들어갔다. 사진 촬영을 하지 못하는 게 아쉽기도 했지만 좋기도 했다. 눈으로 보고 마음으로 기록했기 때문이다. 무덤 안 통로를 따라 안으로 들어가니 생각했던 것보다 부조들이 많이 남아있었다. 적당히 조명을 설치해 놓아 안쪽의 부조까지 살필 수 있었다. 사람들이 없어 한적할 때는 미라가 걸어 나올 것 같이 오싹하기도 했다.

택시를 타고 두 번째로 핫셉수트 장제전을 들렀다. 이집트의 여성 파라오인 핫셉수트를 기린 신전인데 생전에 정치를 잘해 태평성대였다고 한다. 그러나 권위를 위해 수염을 붙이고 남장을 했다고 하니 파라오로서의 삶이 만만치는 않았을 것 같다. 장제전 뒤편으로 깎아지른 듯한 절벽이 병풍처럼 버티고 있어 신전이 작아 보이기도 하고 위엄 있어 보이기도 했다. 신전으로 다가가니 오시리스의 모습으로 형상화한 핫셉수트의 거대 석상이 우리를 맞이했고, 거대한 벽에는 생전의 업적이 빼곡히 그려져 있었다. 뜨거운 태양 아래서 사람 키의 몇 배나 되는 벽면에 그림을 새기고 석상을 올리는 일은 사명감으로 포장하기에는 고된 일이었을 것 같다. 길거리에 쓸쓸히 서 있는 멤논의 거상까지 꼼꼼히 둘러보고 오는데 생각해보니 온종일 사진을 거의 못 찍었다. 왕가의 골짜기는 찍을 수가 없었고 핫셉수트 장제전은 너무 더운 탓이었다.

투어 시작부터 쇼핑은 안 하겠다고 못을 박았는데 택시 아저씨가 파피루스 구경 안 하겠냐고 조심스레 물었다. 왕가의 골짜기 사진도 못 찍었으니 대신 파피루스라도 사가야겠다는 생각이 들었다. 가겠다고 하니 종일 무표정하던 기사님의 얼굴이 환해졌다. 단체 관광객은 이미 훑고 갔는지 손님은 우리뿐이었다. 파피루스 만드는 법도 보여주고, 직접 해보기도 했다. 배낭이 여유가 없어 자석 기념품과 작은 미니어처만 샀었는데 아시아, 아프리카, 유럽을 지나오면서 모았던 수십 개의 자석들을 유럽에서 우편으로 보내니 배낭에 여유가 있던 차였다. 중간 사이즈를 사려던 생각에 욕심이 더해져서 결국 거실 한쪽 벽을 다 채울 만큼 큰 것을 골랐다. 흑설탕의 노련한 흥정과 택시 아저씨의 도움으로 적당한 가격에 구매할 수 있었다. 파피루스는 전 세계를 돌며 수집한 자석들과 함께 우리의 보물 목록에 올라와 있다.

최고의 투어 아부심벨

이집트 하면 기자 피라미드와 스핑크스, 아부심벨 정도만 생각했는데 막상 이집트에 오니 온갖 투어들로 정신이 없다. 온 나라가 유물과 유적이니 이렇게 저렇게 엮다 보면 수십 가지 경우의 수가 나오기 때문이다. 유럽에서 이미 박물관에 흥미가 떨어졌지만, 상상하지 못할 규모의 이집트 유적들은 보지 않을 수가 없었다. 다른 건 몰라도 아부심벨은 꼭 보고 싶어 게스트하우스에서 만난 두 명의 남자와 한 명의 여자와 함께 1박 2일간의 아스완 투어를 같이 하기로 했다.

가벼운 짐만 챙겨 봉고차를 타고 출발해서 달리기를 3시간쯤 아스완에 도착했다. 더 남쪽에 있는 아부심벨에 가기 전에 우리를 이끌어 줄 젊은 이집션 가이드가 합류했고 사원 근처에 도착하자 차량이 줄을 서고 경찰이 앞뒤로 차량을 지휘했다. 개인적으로는 갈 수 없고 경찰이 함께 이동해야 한다고 했다. 경찰차와 투어 차량들이 일렬로 달려 드디어 도착했다.

태양의 신인 아몬 레와 레 호르흐테에게 바치기 위해 만들어졌다는 아부심벨은 거대한 람세스 2세의 좌상이 있는 대신전과 오른쪽으로는 여왕 네페르타리의 소신전이 있었다. 나일 강을 굽어보고 있는 석상의 모습은 긴 이동의 충분한 보상이 될 만큼 압도적인 모습이었다. 지금까지 본 유적들 중에서 손꼽을 만큼 인상적이었다. 아스완하이댐 건설로 수몰된 위기에 처하자 전 세계 사람들이 조각내서 현재의 위치로 옮겼다고 하는데 유적을 살리기 위해 모인 사람들의 열정이 이해가 됐다. 같이 온 일행 모두 룩소르 게스트하우스에서 급하게 조인해서 다소 어색했는데 더 좋은 사진을 찍기 위해서는 서로가 필요했다. 각자 원하는 컷이 나올 때까지 모델이 되고 사진작가가 되어주었다.

신전 내부도 잘 보존되어 있어 구경거리가 많았다. 흑설탕과 두 남자는 휘휘 돌아보고 서둘러 나가버리고 나는 다른 여자 여행자와 둘이서 천천히 내부를 둘러보았다. 나보다 더 열심히 가이드북을 탐독한 그녀는 부조를 보면서 열심히 설명해주었다. 하지만 안타깝게 이집션들은 오늘도 여행자만의 시간을 허락하지 않았다. 여자 둘이 여행을 온 줄 알고 가이드를 해주겠다며 따라붙었다. "남편들이랑 왔어! 저리 좀 갈래?"라고 해도 들은 척도 하지 않았다.

점심을 먹으러 레스토랑에 들렀다. 둘이서 돌아다니다가 다른 사람들과 식당에 오니 다양한 음식을 시킬 수 있어서 좋았다. 흑설탕도 국내

기업의 이집트 지사에 근무하고 있다는 여행자와 이야기가 잘 통하는지 현지 생활에 대해서 흥미롭게 이야기를 나누고 있었다. 역시 그는 신화보다 실화에 관심이 많았다.

다음 행선지는 이시스 신전이었다. 신전은 수백 년에 걸쳐 건설되었다고 하는데, 이곳 역시 하이댐 건설로 수몰된 위기의 신전을 현재의 섬으로 이동시킨 것이라고 했다. 고대에 만들어진 유적도 대단한데 그것을 지키려는 사람들의 의지가 더 놀라웠다. 섬 위에 건설된 신전이라 작은 배를 타고 10분 정도 들어가는데 배 안에서 보는 이시스 신전의 모습이 멋있었다. 남자들은 신전을 대강 둘러보고 그늘에 앉아 담소를 나누고 우리는 하드리안의 문을 구경했다. 혼자 이집트 여행을 온 그녀는 가이드북에 밑줄을 잔뜩 쳐가며 유적에 대해서 자세히 공부를 해왔다. 룩소르의 유물들과 비교하며 감상을 진지하게 나누니 시간 가는 줄 몰랐다. 관심사를 공유한다는 게 이렇게 재미있는 일인지 새삼스러웠다.

투어를 마치고 아스완 시장에서 저녁을 먹은 후 호텔 로비에서 맥주 한잔을 했다. 게스트하우스에서 급조한 투어 멤버지만 타국에서의 추억을 공유한 경험은 친밀감을 몇 배로 증폭시켰다. 방을 두 개 잡았기에 남자 방, 여자 방으로 나눠서 묵기로 했는데 두 방 다 밤새 수다를 떠느라고 늦게 잔 탓에 룩소르로 돌아가는 차 안에서는 모두 곯아떨어졌다.

이집트의 타흐리르 광장에서

타흐리르 광장의 춤추는 차들

이스마일리아 호텔은 타흐리르 광장이 한눈에 보이는 고층 건물에 있었다. 건물은 오래돼서인지 청소를 안 한 탓인지 아님, 원래 색이 그런 것인지(셋 다 일지도 모른다) 어두컴컴하고 낡아서 당장 무너진다고 해도 이상할 것이 없어 보였다. 압권은 낡고 오래된 철제 엘리베이터였다. 골격이 다 보이는 데다가 녹슬고 허름하여 흑백 영화 속 범죄자 소굴에나 있을 법한 괴기스러움을 뽐내고 있었다. 처음에는 타도 되는 건지 고민스럽고 운행 방법을 몰라서 누군가 도와줄 때까지 서 있었지만, 하루에도 몇 번씩 엘리베이터를 타고 오가다 보니 곧 익숙해졌다. 문이 안 열려도 당황하지 않고 수동으로 안에서 세게 밀어 여는 요령까지 배우게 되었다. 그 신기한 엘리베이터를 타고 올라가면 여행자용 호텔이 있었다. 청결한 것도 아니고 서비스가 좋은 것도 아니었지만, 그곳을 좋아했던 이유는 방 안에서 타흐리르 광장이 한눈에 보였기 때문이었다.

우리는 아침, 저녁으로 테라스에 앉아 광장을 내려다보았다. 차량의 매연과 어디선가 흘러든 고약한 냄새가 과히 기분 좋은 것은 아니지만, 광장의 풍경을 감상하는 즐거움에 참을만했다. 그 광장에 뭐 그리 볼 게 있냐고 할 수도 있겠지만, 차들이 지나가는 것을 바라보고 있으면 시간

이 잘 갔다. 특히 차가 막히는 아침 시간의 광장은 아수라장이었다. 동서남북 사방에서 모여든 차들은 광장의 중앙 원을 중심으로 돌아서 각자 다시 가고자 하는 방향으로 흩어졌다. 분명히 차선이 정해져 있음에도 불구하고 이집션들은 전혀 개의치 않고 낄 수 있을 때까지 끼고 또 끼었다. 6차선 안에 10대의 차량이 서는 것은 보통이었다. 누군가가 새로운 차선을 만들면 그 뒤로 미친 듯이 꽁무니를 이어 달렸다. 좌우 깜빡이 신호 같은 건 애초에 없는 듯했다. 사람들은 또 그사이를 과감하게 건너다녔다. 차가 오는 것을 무시하고 차도로 들어서는가 하면 일단 들어선 다음에는 좌우 안보고 직진이었다.

카이로 도착 첫날, 버스에 내려 이집션에게 숙소를 물어보니 길을 건너라고 했다. 신호등을 아무리 찾아도 없는데 어디로 건너라는 걸까 하는데 길을 알려준 이집션이 자기를 따라오라면서 달려오는 차 사이로 돌진했다. 에라 모르겠다. 우리도 돌진하는 차들 사이로 아슬아슬 달려들었다. 하지만 속도를 줄이지 않는 차들과 그 사이를 마구 건너는 사람들 사이에 오도 가도 못하고 갇혀버리고 말았다. 이집션들이 길을 건너는 요령은 과감하게 뛰어들 돼 절대 멈추지도 않고 서둘지도 않는 것이었다. 일정한 속도를 유지하며 자기 갈 길을 가면 차들은 요리조리 그들을 알아서 피하곤 했다.

밤마다 테라스에 앉아서 이번 신호에서는 차량 몇 대가 서는지, 얼마나 아슬아슬하게 사람과 차들이 교차하는지를 구경했다. 어떨 때는 그 움직임이 너무 자연스러워 춤을 추고 있는 것 같기도 했다. 지금도 이집트 카이로하면 이스마일리아 호텔에서 내려다보던 타흐리르 광장의 혼란스러움이 먼저 떠오른다.

의외의 맛집 천국

아프리카에서는 사 먹을 게 없어서 못 먹고, 유럽에서는 비싸서 못 먹고 나니 우리의 입맛은 현지적응력 99%의 상태였다. 이제 벌레 말고는 세상에 가릴 음식이 없다고 생각하고 있었는데, 오히려 이집트 음식은 저렴하면서 푸짐해서 무엇을 먹어도 대만족이었다. 콩 같은 것을 으깨서 튀겨 주는 타메이야와 국수, 쌀, 콩을 섞어 소스를 얹어주는 쿠샤리, 터키 케밥과 같은 샤와르마 등은 이집션에게도, 여행객에게도 싸고 맛있는 음식이었다. 길에서 파는 기름기 쏙 빠진 구운 닭고기와 샐러드, 한국의 찌개처럼 얼큰한 샥슈카와 따겐같은 음식들도 맛있었다. 거기다가 길에 직접 짜주는 신선한 사탕수수 주스까지 곁들이면 부족함이 없었다.

그러나 손에 꼽는 최고의 이집트 음식은 단연 양고기였다. 호텔에서 주는 아침을 먹고 쉬면서 흑설탕은 중동 이후의 일정에 대해서 체크하고, 나는 호텔에 비치된(버려진?) 가이드북과 인터넷 검색을 통해서 카이로에서의 투어와 식당 검색을 했다. 칸카넬리 시장과 이슬람 모스크인 시타델을 들러 무함마드 알 모스크를 보고 오는 것으로 오늘의 투어 일정은 정했는데 매일 먹는 것 말고 색다른 걸 먹고 싶었다. 호텔의 인터넷 속도가 나쁘지 않아 폭풍 검색을 했더니 누군가의 댓글에서 카이로에 진짜 맛있는 양고깃집이 있다고 했다. 느낌이 왔다. 수많은 여행 정보 속에 취사선택을 하다 보니 이제는 우리만의 촉이 생겼다. 짧게 달려있어 추천 식당 이름도 없었지만 미친 듯이 카이로 양고깃집 검색에 나섰다. 한참 만에 위치와 음식점 사진이 올라온 블로그를 찾을 수 있었다. 점심을 먹기에는 일렀지만 지체할 이유가 없었다. 바로 엘 마그라벨 식당을 향해서 출발했다.

택시 기사에게 지명을 말하고 가게 이름을 대니 모르는 모양이었다. 블로그에 가게 주소가 나온 것은 아니어서 근처 길가에 내려달라고 했다. 숙소에서 먼 거리도 아닌데 택시비를 더 받으려는 기사의 말을 못 들은 척하고 서둘러 내렸다. 사진에서 본 골목을 떠올리며 식당이 있을 법한 근처를 기웃거렸다. 두 바퀴를 돌고 지치기 직전 식당이 눈앞에 나타났다. 사진으로 그 집의 외형을 봐두지 않았다면 찾기는 불가능했을 것 같다. 들어가니 시간이 일러 사람들이 거의 없었고 메뉴판을 들여다봐도 설명이 없어 주문하기가 어려웠다. 고민하고 있는데 운 좋게 한국 사람이 들어왔고, 현지 사시는 분 같았다. 뭘 시켜야 하느냐고 물어보니 고맙게 주문까지 해주셨다. 오래 지나지 않아 차려진 양고기는 냄새부터 달랐다. 기념해야겠기에 사진 몇 장 찍고 미친 듯이 고기를 뜯었다. 나는 속도는 느리면서도 많이 먹어서 같이 먹는 사람을 짜증 나게 하는 편인데 이날은 흑설탕의 속도를 따라가고 있었다. 맛있는 것을 먹을 때의 흑설탕은 세상에는 오직 자신과 음식밖에 없는 듯 무아지경이 되는데 속도가 엄청 빨랐다. 그런데 그런 흑설탕을 전속력으로 따라가고 있었던 것이다. 문득 고개를 드니 흑설탕이 엄청 웃으면서, "지금 나랑 같은 속도로 먹고 있는 거 알아?"라고 한다. "에이 설마." 하면서 각자 먹은 양고기 뼈를 헤아리는데, 정말 그랬다.

주문해준 분이 양을 적게 시켜주었다면 싸움이라도 났을지 모를 일이었다. 오랜만에 느끼하게 고기로 배를 채우고 나니 종일 걸어 다녔는데도 힘들지 않았다. 장기 여행에서는 생존이 가장 큰 과제이니 저렴하면서 맛있는 음식이 있다는 건 축복이 아닐 수 없다. 중동 내내 진정 많은 축복을 받았다.

피라미드 정류장이 다가오자 물은 것도 아닌데 주변 이집션들이 여기가 피라미드라고 친절히 알려주었다. 보통의 이집션들은 이렇게 친절하고 적당히 다정했다. 흔하지 않은 동양 사람이긴 하지만 인도에서처럼 이상한 표정으로 바라보지도 않았다. 뜬금없이 사진을 같이 찍자거나 자기를 찍어달라고 했지만, 단순한 호기심과 관심이라 즐겁게 사진을 찍곤 했다. 룩소르나 아스완에서도 참을만했는데 온갖 장사치들로 득실거리는 피라미드는 최악이었다.

정류장에서 조금만 걸어가니 기자 피라미드 입구가 보였다. 기자의 피라미드에는 총 세 개의 피라미드와 스핑크스가 있는데 그중에서 대피라미드인 쿠푸왕의 피라미드는 인간이 만든 것 중에 가장 큰 구조물이라고 한다. 사진으로 수없이 본 이미지인데 실물이 내 앞에 있으니 신기했다. 먼저 우리를 반겨 주는 건 스핑크스였다. 앞발을 근엄하게 모으고 정면을 응시하는 모습이 피라미드의 파수꾼처럼 늠름했다. 사자와 같은 맹수의 힘을 가지고 싶은 인간의 염원을 담은 것일까. 이집트에 관한 책을 더 읽고 왔어야 했다. 도착한 순간부터 궁금한 것 투성이었다. 나의 사학적 관심과는 별개로 현실적 인간인 흑설탕은 피라미드 세 개의 거리가 멀리 떨어져 있어 오늘 안에 사카라와 멤피스까지 둘러보려면 서둘러야 한다고 재촉했다.

쿠푸왕의 피라미드로 걸어가니 석회암으로 만들어져서 풍화된 외벽이 그대로 들어나 생각보다 초라했다. 쌓아 올린 돌 하나의 크기가 엄청커 이걸 만들기 위해서 애썼을 고대 사람들의 모습이 떠올랐다. 유적을 볼 때마다 유적의 주인보다 힘없는 백성들의 입장에 더 빙의 되는 것을 보면 전생에 나는 권력자는 아니었던가 보다. 피라미드 안은 좁고 기어올라가기도 해야 돼서 후딱 둘러보고 밖으로 나왔다. 역시 피라미드와 같은 대규모 건축물은 내부의 세밀한 부분도 중요하지만 광활한 자연과 함께 한 앵글 안에서 바라볼 때 더 멋있다. 카프레 왕의 피라미드에는 현지 사람들이 올라가 쉬고 있기도 했다. 그들 덕분에 한 단이 얼마나 높은지를 알 수 있었다. 나머지 피라미드들도 서둘러 둘러보고 풍경을 사진으로 담으려는데 참견하는 이집션들 때문에 귀찮았다. '이렇게 찍어라, 저렇게 찍어라.' 하면서 훈수를 두고 자기가 찍어주겠다면서 카메라를 달라고 했다. 그들에게 속아서 카메라를 맡긴 외국인에게 사진을 찍어주고는 돈을 달라고 했다. 그들을 무시하며 사진 촬영을 하는 것이 생각보다 힘들었다.

기자 피라미드에도 수많은 낙타와 조랑말들이 있었다. 페트라에서부터 낙타를 타보고 싶었기에 선량한 느낌의 아저씨와 흥정을 했다. 흑설탕과 둘이 낙타에 올라타니 생각보다 높았다. 현명한 선택이었는지 아저씨는 천천히 끌어주고 좋은 포인트에서 사진도 찍어주었다. 피라미드를 배경으로 더 좋은 사진을 찍기 위해 움직이다 보니 한적한 곳까지 이동하게 됐다. 흑설탕이 이제 돌아가자고 하는데 갑자기 낙타꾼의 태도가 바뀌었다. 경치 좋은 곳으로 투어를 시켜줄 테니 돈을 더 달라고 하는 것이었다. 이제 그만하면 됐다고 그냥 돌아가자는데 낙타를 세우지 않고 계속 움직이면서 저리 가면 사진이 잘 나온다고 우겼다. 짜증이 난 흑설탕이 낙타에서 성큼 뛰어내렸다. 그제야 낙타꾼이 멈추었고 나도 겨우 내려올 수 있었다. 좀 전까지만 해도 친절한 설명에 박시시를 더 줄까 고민하고 있었는데 약속한 금액만 주고 돌아서 버렸다. 다시 피라미드까지 걸어가려면 시간이 꽤 걸릴 터였다. 화난 우리를 아랑곳하지 않고 돈을 조금만 더 내면 다시 피라미드까지 데려다주겠다고 하며 따라붙는 바람에 더 짜증이 났다. 여자들끼리만 있거나 혼자 있는 사람에게

는 얼마나 짓궂을지 안 봐도 뻔했다. 멀리까지 태워준다며 외진 곳으로 유인하면 목숨의 위협까지도 느낄 수 있을 것 같았다.

화난 마음을 진정하기 위해 기자 피라미드 최고의 전망대라는 KFC로 발길을 돌렸다. 그 많던 사람들이 어디 갔나 했더니 뜨거운 태양을 피해 피자헛과 KFC에 와 있었다. 가장 좋은 장소인 3층에 앉기 위해 오래 기다렸지만 상관없었다. 햄버거를 먹으면서 애증의 피라미드를 바라보고 있으니 마음도 진정되고 다시 사카라와 멤피스까지 둘러볼 여유가 생겼다. 가장 큰 유적지를 보고 난 이후라 상대적으로 초라할 수도 있는 사카라와 멤피스였지만, 오히려 징그러운 호객꾼들이 없어 여유롭고 좋았다. 최악의 여행지와 최고의 여행지는 의외로 별것에 의해 결정되곤 했다.

05

캠핑카 타고 내 맘대로_ 북미

- 기간: 60일
- 여행지: 북미 동부에서 서부로 횡단
- 이동: 캠핑카 렌트

뉴욕에서의 크리스마스

진격의 크리스마스 세일

뉴욕 존 F. 케네디 공항에 내리자 12월의 폭설로 뉴욕 시내가 하얀 세상이었다. 대충 껴입은 옷이 엉성해서 한기가 스며들었고 시차적으로도 시각적으로도 적응이 안 됐다. 이왕이면 모든 곳을 최적의 계절에 방문하면 좋겠지만, 지구를 한 바퀴를 도는 여행이라 불가능했다. 푹 쉬기 위해서 맨해튼 호텔을 일주일 예약해 둔 게 참으로 현명한 선택이었다. 픽업하는 밴에 몸을 싣고 로어 맨해튼 부근의 호텔에 도착했다. 저렴한 관광호텔이지만 깨끗하고 친절했다. 방에 들어오자마자 씻고 둘 다 침대로 기어들어갔다. 적당한 조도의 조명과 포근한 침구의 감촉이 오랜만이었다. 중동에서도 종종 호텔에 머물곤 했으나 침구가 더러워 내내 침낭을 깔고 덮었었다. 폭신한 이불 속에 누우니 잠이 솔솔 왔다.

다음 날 점심때가 되도록 긴 잠을 자고 이불의 유혹보다 배고픔이 더 견딜 수 없을 때쯤 호텔을 나왔다. 근처 우동집에서 칼칼한 김치 우동을 먹고 씩씩한 걸음으로 고대하던 뉴욕 거리 투어에 나섰다. 월스트리트 쪽으로 걷다 보니 금방 뉴욕증권거래소, 트리니티 교회, 황소 동상 등이 나왔다. 생각보다 가깝고 한곳에 모여 있어 관광객이 아니라면 그냥 지나칠 뻔했다. 한국으로 치자면 여의도쯤 될 텐데 매일 출근하는 사람들에게는 그저 출퇴근 길에 지나치는 일상의 풍경이리라. TV에서건 가이드북에서건 많이 보아온 익숙한 풍경을 즐기며 천천히 걷는데 문득 대규모 공사장이 보였다. 뭘 짓나 싶어 둘러보니 세계무역센터가 있던 그라운드 제로였다. 911 테러로 인해 많은 사람들의 삶이 무너졌던 자리에 새로운 희망이 세워지고 있었다. 왜 남의 불행을 통해 비로소 나의 행복을 깨닫게 되는 것인지. 평범한 하루에 감사할 줄 아는 사람이 되기를 오랜만에 신에게 기도했다.

그런데, 배터리파크까지 걸어가서 자유의 여신상을 구경하고 다시 올라오는 동안 가장 눈에 띄었던 것은 아이러니하게도 세일을 하고 있던 상점들이었다. 가게마다 연말 세일을 알리는 안내판이 요란스럽게 붙어 있었고, 90%까지 파격 세일을 하는 곳도 있었다. 이렇게 싸게 준다는데 무언가를 사지 않는다는 게 오히려 이상한 일인 것처럼 느껴질 정도였다. 상점에서 나오는 사람들마다 커다란 쇼핑백을 서너 개씩 들고 거리를 활보하고 있었다. 마침 '센추리 21 아웃렛'을 만났다. 흑설탕의 운동화 밑창이 떨어지려고 하던 게 생각나 운동화를 핑계로 들러 보기로 했다. 상점의 문을 열고 들어서자마자 백화점을 털려고 폭도들이 들이닥친 것 같았다. 다들 카트 한가득 옷이며, 신발을 잔뜩 집어넣고 있었기 때문이었다. 일 년 치 옷을 연말에 다 구매하는 것인지 쇼핑 스케일이 대단했다. 유명 아웃렛이라는 명성과는 달리 마트 같은 소박한 분위기에 물건들이 매대에 마구 풀어 헤쳐져 있어서 신기했다. 잠깐 들러본다던 우리도 분위기에 끌려 여러 층을 오가면서 구경했다. 사람들에 뒤섞여 미친 듯이 옷을 입어보고 신발을 신어보았다. 옷을 입어볼 때마다 다 마음에 들어 카트에 던져 넣고 싶었지만 그럴 수는 없었다. 돈도 없었지만, 가방의 부피와 어깨에 짊어질 수 있는 무게는 한정되어 있으므로 자제해야 했다.

지하철을 타고 펜스테이션 역에 내려 미드타운으로 넘어가니 더 요란했다. 메디스 스퀘어 가든 쪽으로 걷는데 주변의 건물 모두 크리스마스 장식으로 반짝거렸다. 타임스퀘어와 브로드웨이는 관광객으로 인해서 한껏 들뜬 모습이었다. 화려한 트리로 장식된 '메이시스 백화점'이 들어오라며 우리를 유혹했다. 역시나 세일이 한창이었다. 센추리 21보다는 고급스러운 느낌이었지만 사람들이 쇼핑백을 들고 뛰어다니기는 마찬가지였다. 이날만을 기다린 사람들 같았다. 그러나 입어보고 착용하는 분위기가 아니어서 예산에 쪼들리는 배낭 여행자들에게는 금방 재미가 없어졌다. 한 바퀴 둘러보고 다시 거리로 나왔다. 맨해튼의 화려함에 끌려 목적지 없이 걸었다.

흥겨운 분위기에 취해서 종일 걸어 다니고 구경했는데 호텔에 들어올 때는 빈손이었다. 정작 사려고 한 흑설탕의 운동화는 사이즈가 없어 사지도 못했다. 구경할 때는 신났지만 돌아서니 허무했다. 필요도 없는 물건들을 탐하느라 피곤했다.

그런대로 멋진 크리스마스

뉴욕에서 멋진 연말을 보낼 거라고 생각했었는데 막상 고대하던 크리스마스이브가 되자 모든 게 심드렁해졌다. 배낭 여행자에게 도시의 크리스마스는 어울리지 않는 듯했다. 늦잠을 자고 일어나 TV를 켰다. 뉴스 채널에서는 크리스마스 행사 소식을 알려주고 영화채널에서는 성탄특집 영화를 하고 있었다. 익숙한 명절용 영화들을 보니 재탕, 삼탕 하는 건 미국도 마찬가지인 것 같았다. 누워서 채널을 이리저리 돌리다가 센트럴 파크에서 스케이트를 타는 장면을 보았다. "오! 우리 센트럴파크에 가서 스케이트 탈까?" 주요 지역은 크리스마스 행사로 시끄럽고 교통이 엉망일 텐데 공원은 나을 것 같았다. 센트럴파크행 지하철에 사람들이 많지 않아 다행이라고 생각했는데 도착하니 스케이트장은 사람들로 꽉 차서 빙판이 보이지 않을 정도였다. 멀리서 보면 다 같이 허리를 붙잡고 빙빙 돌고 있는 것 같았다. 누가 하나 넘어지면 줄줄이 연쇄 반응을 일으켰다. 그런데 타려고 기다리는 사람들이 타는 사람들보다 훨씬 많았다. 그 줄에 합류할 자신이 없어 스케이트장 밖에서 넘어지는 사람들을 구경하며 대리 만족을 하다가 공원을 한 바퀴 돌기로 했다. 공원 주변의 화려한 빌딩들과 공원의 한적한 모습이 대조적이었다. 눈 쌓인 센트럴파크는 운치 있었지만, 날이 너무 추워서 콧물이 고드름이 될 지경이었다.

공원을 다 돌기도 전에 겨울 햇빛이 어둠 속으로 사라져 갔다. 해가 지고 나니 기온이 더 떨어져 손발이 얼얼하고 몸이 움츠러들었다. 방향을 정하지 않았는데 자연스럽게 맨해튼 32번가 한인타운을 향하고 있었다. 한인타운은 차이나타운에 비하면 작은 규모지만 있을 건 다 있었다. '○○가든'이라는 이름의 한식 메뉴를 파는 고급 식당들부터 라면을 파는 작은 분식점 같은 가게들까지 다양했다. 마트, 은행, 병원, 미용실, 노래방, 빵집, 서점도 있어 떠나기 전에 필요한 것들을 사러 하루에 한 번씩은 꼭 들렀다.

한인타운에 들어서니 익숙한 냄새가 풍겨 나왔고, 외식하러 나온 가족들과 관광객들이 뒤섞여 혼잡했다. 얼어붙은 몸과 마음을 녹일만한 저녁 밥상이 필요했다. 추운 날에는 뭐니뭐니해도 따뜻한 국물이 최고일 것 같았다. 메인 거리를 천천히 걸으면서 뭘 먹을까 고민하는데 설렁탕 집이 눈에 띄었다. 이곳도 연말 세일 기간이라 설렁탕 한 그릇이 7불이었다. 팁까지 포함해도 만원이면 해결되었다. 고민 없이 설렁탕 집으로 들어갔다. 서둘러 설렁탕 두 그릇을 시키니 밥과 함께 대여섯 가지의 기본 반찬이 마중 나왔다. 설렁탕을 시켰을 뿐인데 찬이 다섯 가지씩이나 나오다니. 푸짐하기로는 세계 최고였다. 설렁탕이 나오기도 전에 반찬과 함께 밥을 반 이상 먹어버렸다. 너무 늦지 않게 설렁탕이 나왔고, 평소 국에 밥 말아 먹는 것을 싫어하는 나도 밥을 말아서 맛있게 먹었다. 저녁을 먹고 한인 마트에 들러 새우×과 양파× 등 과자를 샀다. 호텔로 돌아와 과자를 먹으면서 TV에서 나오는 명절 영화를 감상하니 생각보다 들뜨고 화려하지는 않아도 그런대로 멋진 크리스마스인 것 같았다.

캠핑카 여행의 시작

캠핑카를 타고 달리다

처음 북미 횡단을 기획할 때는 차를 렌트해서 이동할 생각이었는데 숙박비가 만만치 않아 예산이 고민스러웠다. 그런데 유럽 여행 중에 캠핑카로 여행하면 교통과 숙박이 한꺼번에 해결 가능하다는 생각이 들었다. 그 길로 업체를 찾아서 견적을 받고 합리적인 가격으로 예약했다. 흑설탕의 서칭 능력과 계산 능력이 빛을 발하는 순간이었다. 텐트 생활을 하면서 캠핑카 여행자들이 부러웠는데 우리도 할 수 있다고 생각하니 기분이 좋았다. 예약을 마치자 모든 것이 일사천리였다. 맨해튼에 도착해서 국립공원 정보가 담긴 『론리 플래닛』을 사고 내비게이션을 구매했다. 대략의 루트만 정하면 이후에는 여행 책자를 참고해서 내비게이션에 찍고 달리면 될 터였다. 한인 마트에 들러 양념들과 라면 등의 비상식량을 샀다. 간장, 된장, 고추장만 있으면 못할 음식이 없었다. 어디서 자고 무엇을 먹고를 정하는 게 여행 비중의 거의 80%라고 해도 과언이 아닌데 먹고 자고가 해결되니 모든 게 편했다.

일주일간 머물렀던 포근한 호텔과 작별을 하고 일찍 짐을 챙겨 렌탈 회사의 픽업 차량에 몸을 실었다. 맨해튼 시내에서 좀 떨어져 있는 캠핑카 회사 마당에는 여러 대의 캠핑카들이 주차되어 있었다. 사무실로 들어가서 인터넷으로 주고받은 계약서를 확인하고 사인을 했다. 사용법 관련한 동영상을 시청하고 나면 캠핑카로 안내해 준다고 했다. 영상으로는 간단해 보이지만 실제로 하려면 생각이 잘 안 날 터였다. 열심히 동영상을 시청했다.

드디어 2개월 동안 함께 할 캠핑카로 안내되었다. 생각보다 거대해서 운전을 잘할 수 있을까 걱정스러웠다. 여러 나라에서 렌트를 해봤지만, 대형 차량은 처음이었다. 캠핑카 내부도 외형만큼 크고 넓었다. 2개의 침실이 있고 부엌, 화장실, 식탁 겸 소파도 딸려 있어 6인까지 사용 가능했다. 자전거로 주변을 돌아볼 생각으로 자전거까지 두 대를 빌렸다. 돈을 아끼기 위해서 인터넷으로 동반자를 찾았지만 실패했기에 둘이서 맘껏 즐기기로 했다. 짐들을 정리해 넣고 드디어 흑설탕은 운전석에 나는 조수석에 착석했다.

"운전 괜찮겠어?"라고 묻자,

"그럼, 잘할 수 있지!"라고는 했지만, 시동을 거는 흑설탕의 손길이 어설펐다. 감을 익히기 위해 커다란 주차장을 두어 바퀴 돌고 도로로 나왔다.

뉴욕 시내를 벗어나 외곽으로 나오니 한적한 풍경이 이어졌다. 널찍한 마당을 가진 비슷한 스타일의 집들이 보였고 크리스마스가 지난 지 얼마 되지 않아서 꾸며놓은 크리스마스 트리 장식이 요란했다. 집 안에만 장식하는 줄 알았는데 마당뿐만 아니라 지붕과 창문까지 주렁주렁 치장해 놓았다. 집 전체를 전구로 덮은 곳도 있고 마당의 거대한 나무를 대형 트리로 꾸며놓은 집들도 있었다.

"저 집 좀 봐. 꾸미는 데 한 달은 걸렸겠네." 하면서 평소처럼 손가락으로 가리키는데 흑설탕이 시선을 돌리지 못했다. 운전대에 바짝 붙어 앉은 모습이 긴장한 게 역력했다. 덩달아 나도 긴장이 되어 흑설탕과 같이 옆에서 액셀도 밟고, 브레이크도 밟아가며 조수석을 지켰다.

엄마와 사춘기

흑설탕의 이모님이 사시는 인디애나 플레인필드에 도착했다. 이모님은 20대 때 미국사람과 결혼해서 딸 둘과 함께 살고 계셨다. 이모님 댁에 도착하니 딸 헨리와 에밀리뿐만 아니라 미국에서 공부하고 있던 막내 이모님의 딸 유정이가 도착해서 반겨주었다. 곧 이모부 제임스까지 맥주를 한 아름 들고 도착하여 일곱 명이 식당에 모였다. 흑설탕과 달리 나는 처음 만나는 거라 어색했다. 인사를 하고 준비한 선물들을 꺼내어 덕담과 함께 나누니 명절에 가족이 모인 느낌이었다. 세계 일주 이야기로 밤늦게까지 수다를 떨었다.

이모님은 머무는 동안 편히 쉴 수 있도록 배려해 주셨고, 덕분에 엉덩이가 몹시 가벼운 우리가 일주일을 묵었다. 20대 때 미국에 오신 이모님은 활기찬 성격에 애교도 많으셔서 나이와 상관없이 친구 같은 느낌이었다. 이모님과 늦은 아침 겸 점심을 먹고 DVD를 함께 보았다. DVD는 코미디 또는 공포 영화라 취향과는 거리가 있었지만, B급 호러를 보고 있어도, 이해 안 가는 코미디 영화를 보고 있어도 재미있었다. 집에만 있는 것이 지겨울 때는 차를 몰고 주변 쇼핑몰 구경을 가기도 하고 한인 마트에서 재료를 사와 김밥을 만들어 먹기도 했다.

낮 동안 조용했던 집 분위기는 오후에 헨리와 에밀리가 학교에서 돌아오면 달라졌다. 흑설탕이 기억하는 작고 어린 소녀였던 헨리는 이제

십 대가 되어 질풍노도의 시기를 겪고 있었다. 저녁에 친구들을 대여섯 명씩 데리고 와 새벽까지 시끄럽게 하거나 늦게까지 들어오지 않아 이모님의 속을 태웠다. 둘은 자주 싸웠고 조용한 성격의 동생 에밀리는 어깨를 으쓱하며 "엄마랑 언니는 원래 그래요." 하고 덤덤했다. 며칠을 보내고 나니 자주 오는 헨리 친구와도 인사를 나누고 헨리 때문에 속상해 하는 이모님의 하소연을 들어드리기도 했다. 둘의 모습을 보니 내 사춘기가 생각났다. 우리 집은 딸만 넷인데 딸들의 사춘기마다 엄마는 얼마나 힘들었을까? 다들 고만고만하게 그 시기를 보내긴 했지만 네 번이나 겪어야 했던 엄마는 쉽지 않았을 것이다. 이제 다들 결혼을 하고 서른이 훌쩍 넘으면서 평생 함께할 네 명의 친구가 되었지만, 그때는 지금과 같이 친구처럼 지내리라고는 생각하지 못했었다.

하루는 제임스가 시간을 내어 헨리, 에밀리와 같이 영화를 보고 저녁을 먹기로 했다. 수업을 마친 그녀들을 픽업해서 한참 박스오피스를 뜨겁게 달구던 아바타를 보러 갔다. 자막 없이 영화를 보는 것이 쉽지 않았지만, 비주얼이 화려한 3D 영화라 내용을 이해하는 데는 크게 어려움이 없었다(고 우겨 볼련다). 영화를 보고 나와 쇼핑몰을 구경하는데 헨리의 학교 친구를 만났다. 헨리가 우리를 한국에서 온 사촌 부부인데 세계여행 중이라며 신이 나서 소개를 했다. 친구가 놀라워하는 반응을 보이자 마치 자기 이야기인 것처럼 아프리카도 갔다 왔고 지금은 미국을 횡단 중이라며 자랑을 했다. 화장하고 꾸민 모습일 때는 성숙한 아가씨 같아 보였는데 좋아하는 모습을 보니 십 대는 십 대였다. 수줍음이 많은 에밀리는 방에서 잘 나오지 않아 이야기할 기회가 별로 없었는데 같이 영화를 보고 저녁을 먹으며 친해졌다. 의사 선생님이 되어 돈을 많이 벌면 엄마에게 큰 집을 사주겠다고 말하는 모습이 순수하고 예뻤다. 반항하는 사춘기든, 부끄러워 말이 없는 사춘기든 지금 순간이 얼마나 소중했는지 곧 깨닫게 되리라.

떠나는 날 아침, 학교 가는 헨리, 에밀리와 작별의 인사를 하기 위해서 아침 일찍 일어났다. 문에 서서 손을 흔들며 어색한 '굿바이'를 외치는데 헨리가 선뜻 팔을 뻗어 포옹했다. 이어 뒤에서 머뭇거리던 에밀리도 다가와 포옹을 했다. 마음이 뭉클해졌다. 그녀들을 보내고 이모님과 마지막 아침을 먹은 후 짐을 챙겨서 집을 나왔다. 배웅해주시는 이모님의 어깨가 작아 보였고 어느새 눈물을 흘리고 계셨다. 한 주간 이모님과 친구처럼 지내다 보니 정이 많이 들었기에 이번에는 내가 먼저 팔을 내밀어 이모님을 꼭 안아드렸다. 다음번에 만날 때는 두 딸과 세상에 둘도 없는 친구가 되시기를. 그리고 한국에 돌아가면 엄마를 자주 안아드려야겠다.

미국 국립공원의 매력

아찔했던 그날 밤의 사건

록키산 국립공원 근처로 오자 끝도 없던 평야가 사라지고 우거진 숲과 눈이 녹지 않은 뾰족한 산꼭대기가 보였다. 오르막길과 내리막길을 반복하면서 산맥을 굽어보며 달렸다. 위험한 구간도 있어 내려서 걷는 것은 포기하고 차로 한 바퀴 도는 것으로 만족해야 했다.

록키산 국립공원 내에 RV 캠핑장이 있다고 하여 자고 가기로 했다. 입구는 열려있지만, 리셉션에는 사람이 없었다. 이용하고 나서 돈을 내고 가라고 쓰여있는데 어디 다 얼마를 내라는 지가 없었다. 비수기라 딱히 이용객이 없어 그냥 자율에 맡겨 두고 있는 모양이었다. 한 바퀴 돌아보니 다행히 캠핑카 서너 대가 주차되어 있고 눈에서 아이들도 놀고 있었다. 눈이 덜 쌓인 평지에 주차하려고 자리를 물색했다. 좋은 위치를 찾기 위해 캠핑그라운드를 도는 동안 햇빛이 사라져 가고, 다른 캠핑카들이 모두 정리하고 빠져나갔다. 해가 진 이후라 다른 곳을 찾아가기는 어려울 것 같아 어디든 차를 대고 하룻밤 머물기로 했다.

그늘진 곳은 빙판이라 바퀴가 헛돌고 햇빛이 들었던 곳은 눈이 녹아 진흙 바닥이라 바퀴가 푹푹 빠졌다. 마른 땅에 대기 위해서 후진을 하는데 갑자기 차가 기우뚱한다 싶더니 눈구덩이 속으로 뒷바퀴가 푹 빠져버렸다. 차 바퀴의 방향을 돌려 액셀을 힘차게 밟았지만, 제자리에서 공회전하니 바퀴에서 탄 냄새가 나고 연기가 났다. 덜컥 겁이 나 차에서 내려 보니 사방이 진흙투성이였다. 신발도 푹푹 빠졌다. 주변에 나뭇가지가 있어서 바퀴 앞뒤로 받치고 다시 시도했지만, 나뭇가지들이 진흙에 밀려 나오기만 했다. 흑설탕이 바퀴 주변의 나뭇가지를 잡고 있을 테니 나에게 운전대를 잡으라고 했다. 나름 베테랑 운전자라고 자부하던 나인데 큰 트럭은 엄두도 안 났다. 그보다 캠핑카를 빌릴 때 같이 빌려주었던 삽이 생각나서 얼른 꺼내왔다. 아이디어는 좋았지만 작은 플라스틱 삽이라 흑설탕이 진흙을 몇 번 퍼내자마자 휘어져 버렸다. 삽을 망가트렸으니 물어줘야 하나 하고 망연자실해지고 있는데 어디선가 차 소리가 들렸다. 경찰차 한 대가 순찰하고 있었다. 반가워서 경찰차를 향해 소리를 질렀다. 곧바로 우리 쪽으로 달려왔고 키가 큰 경찰이 차에서 내렸다.

"무슨 일 있어요?"

그는 한 명은 진흙투성이의 삽을 들고 한 명은 걱정스러운 얼굴로 랜턴을 들고 있는 모습을 보고 바로 상황 파악을 했다. "차가 빠졌군요."라고 하며 캠핑카를 한 바퀴 돌아보고 상태를 확인한 후에 경찰차 트렁크에서 실하게 생긴 큰 삽을 꺼냈다. 진흙을 열심히 퍼내고 경찰차 안에 있던 박스 등을 꺼내와 차 바퀴 아래쪽으로 단단히 밀어 넣었다. 한두 번 해본 솜씨가 아니었다.

"자. 이 정도면 다 된 것 같은데 차의 시동을 걸어볼래요?" 차에 올라탄 흑설탕이 힘차게 액셀을 밟는데 잠시 헛도는 것 같다 싶더니 곧 박스를 밟고 진흙탕 속을 빠져나왔다. 바짓가랑이가 진흙에 다 젖을 정도로 열심히 땅을 파서 도와준 그를 향해 진심을 다해 고맙다고 인사를 했다. 그는 웃는 얼굴로 괜찮다고 하며 사용했던 박스들을 알뜰하게 다시 경찰차에 정리해 넣었다. 어느 나라에서 왔냐고 묻기에 한국에서 왔다고 하니 고등학교 때 가장 친했던 친구가 한국 친구였다며 즐겁게 여행하라는 따뜻한 인사를 남기고 떠났다.

아침에 일어나 어제의 사건 현장을 돌아보니 바퀴가 빠졌던 현장은 처참했다. 그러나 그보다 더 놀라운 건 캠핑카 주변으로 어지럽게 난 커다란 동물의 발자국이었다. 경찰관이 우리를 도와주지 않았다면 그날 밤 어떻게 되었을까?

온천에서의 점프대회

그랜드 정션(Grand Junction) 방향으로 가던 중 캠핑장을 찾지 못해서 어느 국도 쉼터에 차를 대고 밤을 보냈다. 안전한 곳이라고 판단했지만 한적해서 무서웠다. 미국 영화를 보면 외지고 사람 없는 곳에 좀비가 나타나고 살인마가 나타나곤 하던데 이모님 댁에서 호러 영화를 너무 많이 본 것 같다. 게다가 동파의 위험이 있기에 좀 더 따뜻한 지역으로 가기 전까지 화장실만 사용하기로 해서 길에서 밤을 보낼 때는 샤워를 할 수가 없었다. 이틀 연속 캠핑장에 들어가지 못해 둘 다 씻고 싶었다. 가이드북을 찾아보니 근처 글랜우드 스프링필드에 세계 최대 유황온천이 있다고 했다. 더 고민할 것도 없이 세수도 하지 않은 꼬질꼬질한 얼굴로 온천을 향해 달렸다. 콜로라도 강과 로링포크 강이 만나는 곳에 있다고 하더니 강이 계속 우리를 따라 달렸다. 한적한 마을 길을 지나 넓은 주차장을 품은 빨간 벽돌 건물 앞에 도착했다.

수영복 착용이 기본이라 짐을 뒤져 수영복을 꺼내느라 시간이 걸렸다. 목욕탕도 있기를 바라며 샤워 용품과 때수건도 싸 들고 왔다. 밖에서는 낡아 보이기만 했는데 안으로 들어서니 고풍스러운 느낌이 들었다. 각자 남·여 탈의실로 들어가 수영복을 착용하고 야외 온천에서 만나기로 했다. 여행 전에는 비키니를 입는 게 부끄럽고 신경 쓰여 가리기 바빴는데 어느새 자연스러워졌다. 남의 시선을 의식하느라 즐기지 못하는 바보짓은 그만하고 싶었다. 어차피 그들도 바싹 마른 동양 여자 따위 안중에도 없을 터였다. 한국사람이 없다는 것도 당당해지는 이유 중의 하나일 테고. 온천장은 주차장 규모에 비하면 다소 소박한 느낌이었다. 둥근 작은 풀과 레인이 있는 큰 풀이 전부였다. 물에서 모락모락 김이 올라오는 것만 빼면 일반 수영장과 다를 것이 없었다. 두 종류의 슬라이드가 있었지만, 겨울이라 운영을 안 하는 것 같았다. 눈치 볼 것도 없이 서둘러 작은 풀에 몸을 던졌다. 온도가 적당히 따뜻했다. 한겨울의 야외 온천이라니 여행 중의 호사에 기분이 좋아졌다. 이른 아침이라 사람이 많지 않았고 나이가 지긋한 노인들이 조용히 온천을 즐기고 있었다. 따뜻한 물속에서 멍하게 풍경을 바라보는 것이 다였지만 눈 쌓인 산을 보며 앉아 있으니 마음이 차분해졌다. 곧 큰 풀로 옮겨가 느긋하게 수영을 하며 놀다 보니 금방 배가 출출해졌다. 한적한 푸드코트에서 오랜만에 외식도 하고, 도넛과 함께 아메리카노를 마시며 온천을 즐기는 사람들을 구경했다. 미국에 오면 아메리카노를 실컷 마셔야겠다고 생각했는데, 캠핑카로 이동하다 보니 오히려 한국에서보다 커피 믹스를 더 많이 마시고 있었다.

점심때가 훌쩍 지나 다시 온천으로 돌아오니 오전과는 분위기가 달라졌다. 아이들을 데리고 온 부부도 보이고 젊은 커플, 그리고 친구들과 온 십 대들도 많았다. 오전보다 연령대가 어려졌다. 잠수하며 친구들과 장난도 치고 여럿이서 한 명을 물에 빠트리기도 하는 등 활기찬 분위기였다. 갑자기 다이빙대에 십 대 남자애가 멋있게 올라가더니 우스꽝스러운 모습으로 다이빙했다. 다이빙대가 높고 길어서 반동을 이용해 제대로 뛰기가 쉽지 않은 듯했다. 생각지도 않은 몸 개그에 사람들의 이목이 쏠렸다. 분위기는 경연대회가 된 듯 다른 사람들도 올라가서 점프하기 시작했다. 미끄러져 넘어지는 사람도 있고 날렵한 라인을 뽐내며 멋있게 다이빙하는 사람도 있었다. 한 사람 한 사람 떨어질 때마다 보던 사람들 모두가 웃거나 박수를 치면서 즐거워했다. 물놀이라면 절대 빠질 수 없는 흑설탕도 다이빙 행렬에 동참했다. 만족스러운 포즈가 나오지 않자 서너 번도 더 올라갔다.

한국에서는 옷 입는 것 하나도 남의 시선 의식하던 내가 비키니를 입고 자연스러울 수 있다는 것. 항상 이성적이고 차분하다고 생각했던 그가 별것 아닌 일에 목숨 거는 순수한 열정을 발산할 수 있다는 것. 여행은 나 자신에게 집중할 수 있는 시간을 주고 그 시간을 통해 진짜 나의 모습을 재발견하는 과정이 아닐까 싶다.

할매보더의 간만의 보딩

유럽 여행의 위시리스트에 있던 보드 타기는 일정 조절 실패로 불발되었지만, 미국도 스키장이 많아 도전하기로 했다. 뉴욕에서부터 가이드북을 검색하며 이동하는 동선의 스키장들을 열심히 체크했는데 마침 그랜드 메사에 메사크릭 스키장이 있었다. 메사는 꼭대기는 평탄하고 주위는 급경사를 이루는 탁자 모양의 지형을 의미하는데 남아프리카에서 많이 보았던 테이블 마운틴과 흡사했다. 흑설탕에게 가이드북을 읽어주며 달리다 보니 도로의 경사가 급해지고 곧 스키 슬로프가 보였다. 슬로프가 많지는 않았지만, 길이가 가늠되지 않을 만큼 길었다. 그랜드 메사에 있는 스키장 입구까지 다 올라오자 겹겹이 둘러싼 웅장한 산세가 한눈에 들어왔다.

보드복이 없어 평소 입는 트레이닝복에 방수가 되는 단벌 아웃도어 재킷을 입었다. 단벌 재킷으로 네팔 안나푸르나도 오르고 아프리카의 추운 밤을 버텼고, 한겨울 스위스의 필라투스 전망대도 갔었는데 이제는 그랜드 메사에서 보드도 타다니. 이렇게 소중한 만능 아웃도어 재킷이 있을 수가. 한 가지 단점이라면 같은 의상으로 인해 안나푸르나도, 스위스도, 여기 메사도 사진상으로는 같은 곳으로 보일 것이라는 거다.

장비 세팅 완료 후 리프트를 타기 위해 이동했다. 줄에 서 있는데 일하는 남자가 무미건조한 얼굴로 '하왓둥(?)'이라고 했다. 얼굴도 보지 않고 중얼거리듯이 말해서 인사를 하는 건지 알 수 없어 어색한 미소만 날렸다. 슬로프를 두서너 번 왔다 갔다 해서야 겨우 "하우 아 유 두잉?(How are you doing?)"이라는 것을 알 수 있었다. 상점에서나 처음 본 사람들이 모두 "하우 아 유 두잉~?"으로 말을 걸어 곧 익숙한 인사가 되었지만, 책으로 영어를 배워 "하우 두 유 두?"만 인사의 정답으로 알고 있던 나에게는 무심한 본토 발음이 참으로 낯설었다.

상급자 코스는 자신 없어 중급자용 리프트를 골라 탔는데도 거의 이십 분은 올라간 것 같았다. 바람이 불어 리프트가 흔들리고 발에 단 보드가 무거워 발이 저렸다. 리프트에서 산을 굽어보니 아찔하여 보기만 해도 스릴이 넘쳤다. 사람이 별로 없어 원 없이 달릴 수 있을 것 같았다. 막상 리프트에 내려 코스를 바라보니 난이도를 논하기 애매할 만큼 아무것도 없었다. 스키 타는 사람들을 위해 인공으로 슬로프를 만든 게 아니라 지형을 그대로 둔 듯 자연 그 자체였다. 양쪽으로 울창한 숲이 우거져 있어서 길을 잘못 들었다가는 숲에서 헤맬 것 같았다. 예상대로 내려가는 내내 사람을 거의 볼 수가 없고 안전요원은 더더욱 찾을 수 없었다. 첫 코스라 아주 조심스럽게 탐색하듯 내려왔다. 30대 중반이 되면서 주말에 시간을 내기도 어렵고, 보드데크가 버겁고 힘들어서 스키장을 안 간 지 오래긴 했다. 대학교 때 하이텔, 나우누리 시즌 방을 다니면서 탈 때는 나름 '열혈'보더였는데, 삼십 대가 되니 체력이 달리면서

‘할매’보더가 되어 있었다. 신혼 초에도 겨울이면 주말 내내 스키장에서 살았는데 다양한 스킬을 연마하며 실력이 늘던 흑설탕도 이젠 한번 넘어지고 나면 후유증이 일주일 넘게 가곤 했다. 슬로프를 한번 내려오는데 삼십 분은 족히 걸린 듯했다.

그래도 두 번째부터는 감이 살아나 제법 스피드를 즐겼다. 서로의 동영상을 촬영해주기도 하고 자세를 코칭해 주기도 했다. 리프트 탈 때 만나지는 청년의 “하왓두잉~?”에도 “아임 그레이트~!”를 날려주었다. 몇 번 더 오르락내리락하고 나서는 경치를 즐긴다는 기분으로 천천히 슬로프를 즐겼다. 간식을 먹으며 미국 십 대 보더들의 날렵한 카빙턴을 구경 하기도 했다. 발아래는 눈 덮인 메사의 절경이 펼쳐져 있고 오랜만의 스노보드는 역동적이었다.

레인저와의 투어

겨울이라 폐쇄된 구간도 있고 인적이 드물어 국립공원에는 거의 둘뿐이었다. 눈 내린 겨울 풍경을 본 사람이 많지 않을 거라는 생각을 하니 뭔가 더 특별한 여행을 하고 있다는 생각이 들기도 했다. 드디어 고대하던 유타주의 브라이스 캐니언 국립공원에 도착했다. 그랜드 캐니언, 자이언 캐니언과 함께 미국의 3대 캐니언이기도 했지만 한산하던 다른 국립공원과 달리 겨울투어프로그램이 있기 때문이었다. 도착하자마자 투어리즘 센터로 향해 일정을 살피는데 레인저와 함께 스노우 슈를 신고 걷는 프로그램이 눈에 띄었다. 마침 오후에 가능한 시간이 있어 신청하고, 시간이 남아 차로 국립공원을 한 바퀴 돌아보기로 했다. 전망대에서 바라보니 붉은 빛깔의 퇴적암층 위에 설탕 파우더처럼 하얀 눈이 쌓인 모습이 신비로웠다.

투어 시간이 다 되어 안내소에 들르니 사람들이 모여들고 있었다. 우리 이외에 현지인으로 보이는 젊은 커플 한 쌍, 중년의 커플 한 쌍, 혼자 온 남자 한 명 등 일곱 명이었고, 두 명의 레인저가 함께했다. 함께 할 시니어 레인저 모두 머리가 하얗고, 연배가 있어 보였지만 건강하고 활기찬 느낌이었다. 할아버지 레인저가 다정한 얼굴로 인사를 하며 오늘의 투어에 대해서 간단히 설명을 해주었다. 그리고 눈길을 잘 걸을 수 있도록 해주는 스노우 슈와 폴대를 나누어 받았다. 스노우 슈는 테니스 라켓처럼 그물이 달린 넓은 망을 신발에 묶어 깊은 눈길에서도 발이 빠지지 않도록 해 주었다. 몇몇 공원에서 착용한 사람들을 봤었는데 미국인들에게는 익숙한 장비인 듯했다. 장비를 제대로 착용했는지 확인하고 레인저 할아버지의 지휘를 받으며 줄을 지어 숲길로 걸어 들어갔다. 나무가 우거진 숲 속은 눈이 그대로 쌓여 있어 아무도 밟지 않은 눈길을 걷는 것이 즐거웠다. 울창한 나무숲으로 들어가자 레인저 할아버지가 길을 멈추고 브라이스 캐니언의 숲에 관해서 설명해주었다. 솔방울이 떨어져 있기에 소나무인가 보다라고 생각했는데 역시 파인트리(소나무)였다. 브라이스 캐니언에서는 고도에 따라 다양한 나무들이 자란다고 했다. 더 깊은 숲으로 이동하면서 다람쥐를 보기도 하고 날아오르는 새를 보기도 했다. 새로운 동·식물을 볼 때마다 설명을 해주었지만, 다 이해하긴 어려워 고개만 끄덕거렸다. 하지만 상관없었다. 숲길을 걷는 것만으로도 브라이스 캐니언의 아름다움을 충분히 즐길 수 있었다. 풍경도 시원하고 소나무 향도 향긋했다. 더 깊이 들어가니 전망대가 나왔다. 지형에 대한 설명도 듣고, 사진 찍기 좋은 포인트를 알려주어 멋진 경치와 함께 사진을 찍기도 했다. 이 거대한 침식은 현재 진행형일 테니 지금 보는 브라이스 캐니언은 오늘이 마지막일 터였다. 간만에 제대로 된 투샷을 건질 수 있다는 생각에 다른 일행에게 사진을 찍어 달라고 하고 우리도 찍어주었다. 캠핑카 여행의 아쉬운 점이라면 친구를 사귀기가 쉽지 않다

는 것이었는데 오랜만에 새로운 사람들과 대화도 나누어 보고 미국 본토(?)의 영어 발음도 종일 체험해볼 수 있었다. 미국인과 대화를 나눠보고 싶었던 흑설탕은 적극적으로 말을 걸고 대화를 나누었다. 비즈니스 영어만 가능해 막상 일상생활용 대화 구사가 안 되던 아이러니한 상황

을 이제 어느 정도 극복한 것 같았다. 자연 그 자체도 좋지만, 현지 사람들과의 교류도 여행 중에 빼놓을 수 없는 중요한 요소라는 것을 새삼스레 깨달았다.

대도시 증후군

세상에 공짜는 없다

스트라토스피어 110층에서 바라보는 라스베이거스의 야경은 묘했다. 로마, 베네치아, 파리, 이집트 등 전 세계의 아름다운 건축물이 모여 있고 스트립을 제외한 지역은 캄캄한 어둠에 싸여 있었기 때문이다. 낮에는 죽은 듯이 조용하던 스트립이 밤이 되면 깨어나니 유령도시 같기도 하고 사막 속의 신기루 같기도 했다.

며칠간 라스베이거스의 무료 어트랙션을 마음껏 즐겼다. 공짜로 구경만 하는 데도 삼사일이 후딱 지나갔다. 서커스서커스 호텔은 호텔 안에 대형 놀이동산을 품고 있었고 로마를 모티브로 만든 시저스팰리스 호텔 안에는 콜로세움, 트레비 분수까지 있었다. 베네치아의 아름다운 건물들 사이로 유유히 강이 흐르고 작은 운하와 리알토 다리, 곤돌라까지 운행하던 베네시안 호텔, 거대한 에펠탑이 서 있는 파리스 호텔, 보물섬을 모티브로 한 트래져 아일랜드까지 종일 구경만 하고 다녀도 끝이 없었다. 그야말로 인공미의 극치였다. 매일 매일 세계적인 공연들을 공짜로 볼 수 있고 저렴하고 맛있는 뷔페는 매일 먹어도 질리지 않았다. 하루가 너무 짧고 아쉬웠다. 어느새 호텔 주차장에 주차해 놓은 캠핑카에 먼지가 까맣게 앉고 캠핑카로 미국을 횡단 중이라는 사실도 잠시 잊었다.

호텔 로비마다 빼곡히 들어선 카지노는 밤마다 문전성시를 이루었다. 사람들은 새벽까지 게임을 하느라 눈들이 빨갰고, 늦은 점심이 지나서야 다시 활기를 띠었다. 우리는 낮시간 동안 정처 없이 구경하느라고 게임기 앞에 앉을 새가 없었다. 여행하면서 카지노를 몇 번 방문하기는 했지만 그리 재미를 느끼지 못하기도 했었다. 흑설탕과 하이원에 보드를 타러 갔다가 들른 강원랜드에서 각각 오만 원씩을 손에 쥐고 30분 이상을 버티질 못했으니 시간에 비례해서 주머니가 텅텅 빌 것이 뻔했다. 망설임에 잔돈으로 슬롯머신을 몇 번 해본 게 다였다. 그러나 호텔 방만 나서면 눈앞에 빙글빙글 게임기들이 돌아가고 있으니 여기 온 이상 카지노를 즐기지 않는 것은 불가능했다.

며칠간 테이블 게임을 구경만 하던 흑설탕이 한번 해보자고 나섰다. 흑설탕은 모르는 것이 있으면 공부하고 난 다음에 신중하게 도전하는 편인데 며칠 오가면서 관찰하더니 분석이 끝난 모양이었다. 그러나 게임을 하면 무섭게 돈을 거는 '몰빵' 스타일이라 최대 게임비는 1인당 100불을 넘지 않고 50% 이상을 잃으면 잠시 쉬자는 약속을 정했다. 만일 돈을 딴다면 딴 돈만큼 게임을 더 할 수는 있지만, 지금까지 아껴 쓴 여행경비를 속절없이 잃을 수는 없었다. 그러나 한편으로 로또처럼 대박이 날지도 모른다는 일말의 기대감이 없지 않았던 건 아니었다.

바카라나 블랙잭은 미니멈 배팅이 대부분 10불 이상이라 엄두가 나지 않았다. 카지노를 돌면서 배팅이 작은 룰렛 게임을 했다. 큰돈으로 게임을 하는 것도 아닐뿐더러 비용을 정해놓고 보수적으로 배팅하니 돈을 따지는 못했지만 잃지도 않았다. 보통은 숙소에 들어와 저녁을 먹고 일찍 자는 게 일과였는데 어떤 날은 새벽까지 카지노에서 놀기도 했다. 밤이 깊어가면 카지노의 분위기는 더 과열되었다. 한 사람이 맥주를 시켜서 들이키면 다른 사람들도 술을 마시기 시작했다. 어떤 사람은 너무 많이 마셔 제대로 몸을 가누지도 못했다. 계속 실수를 하니 딜러가 주의를 주기도 했다. 겜블러들 사이로 종업원이 돌아다니며 맥주를 신나게 나르고 있었다.

며칠 카지노에서 익숙해진 우리도 맥주 한잔하며 게임을 즐기고 싶은데 비쌀 것 같고, 사 가지고 들어오면 이상할 것 같아 망설였다. 마침 게임이 흥미진진하게 돌아가고 있어 흑설탕이 맥주를 시켜 마시자고 했다. 지나가는 종업원에게 얼른 맥주를 두 병 주문했다. 곧 시원한 버드와이저 두 병을 쟁반에 받쳐 가져다주었다. 흑설탕이 얼마냐고 물으니 씩~ 웃으며 "프리~"라고 했다. 뭐? 맥주가 공짜라고? 그런데 왜 사람들이 종업원에게 돈을 주는 거지? 흑설탕과 둘이서 이상하다며 중얼중얼 이야기를 나누니 가지 않고 기다리던 그녀가 곧 답을 알려 주었다. "팁 플리즈~"란다. 저런! 사람들이 돈을 건네길래 맥줏값을 내는 거로 생각했는데, 팁을 건넨 것이었다. 여태 돈 주고 사 먹는 건 줄 알고 마트에서 사서 호텔 방에서 마셨는데 이런 고급 정보가 왜 여행 책자에는 없었던 것일까. 원통하고 원통했다.

그런데 술이 술술 들어갈수록 베팅이 과감해졌다. 지금까지 재정에 대해서 브레이크를 걸었던 것은 흑설탕이었고 레스토랑에 가거나 뭘 사자고 하는 것은 나였는데 맥주 한잔하면서 게임을 하고 있으니 흑설탕의 눈이 이글이글 타올랐다. 불나방처럼 모든 것을 카지노에서 불살라 버릴 것 같았다. 보수적으로 배팅하면서 조금씩 따던 돈이 어느새인가 물 새듯 새고 있었다. 아, 이래서 공짜 술을 주는구나. 공짜가 진짜 공짜가 아니었다. 저렴한 음식, 저렴한 숙박시설, 공짜 술, 공짜 공연을 제공하면서 결국 카지노에서 '몰빵'을 하도록 만드는 것이었다. 정신이 번쩍들어 가진 돈을 초고속으로 잃어 가는 흑설탕을 서둘러 데리고 나왔다. 투덜댔지만 손안에 몇 개밖에 안 남은 게임 칩을 보고 흑설탕도 곧 정신을 차렸다. 일확천금은커녕, 쪽박의 나락으로 빠질 뻔했다. 역시 공짜는 없었다.

나사 풀린 LA투어

드디어 LA에 도착했다. 시내로 들어서니 TV에서 보던 할리우드 사인이 우리를 반겼다. 빌딩 숲과 야자나무의 조합이 익숙하면서 낯설었다. 뉴욕 다음으로 두 번째로 인구가 많은 도시답게 도로가 복잡하고 광고판이 많아 창밖을 응시하는 시선이 어지러웠다.

캠핑카 기간이 만료되어 반납하고 흑설탕의 대학교 친구인 성찬 오빠네 집에서 머물기로 했다. 성찬 오빠네 부부는 고맙게도 집뿐만 아니라 차까지 빌려주어 덕분에 홀가분하게 LA를 둘러볼 수 있게 되었다. 그런데, LA의 입성에 들떠서일까. 친구를 만난 기쁨에 긴장이 풀린 탓일까. 어이없는 사건의 연속이었다.

첫 번째 행선지인 할리우드 스타의 거리는 평일이라 한산했다. TV에서 봤던 화려한 할리우드는 역시 화면 속에서만 존재하는 거였다. 만스 차이니스 극장 앞에는 유명 영화 주인공의 코스프레를 하는 사람들이 여럿 있었다. 캐릭터들이 다정스레 다가와 포즈를 취해 주는 바람에 얼결에 같이 사진을 찍었는데 찍자마자 다섯 명의 캐릭터들이 일제히 돈을 요구했다. 하긴 처음 보는 낯선 관광객에게 친절할 때는 다 이유가 있었다. 라스베이거스에서 이미 공짜란 없다는 것을 배웠건만 나사가 하나 풀린 것 같았다. 멋진 사진이 남지 않았냐며 서로를 위로했다. 할리우드 보울, 명예의 거리, 리플리의 믿거나 말거나, 돌비극장(코닥)을 방문했지만, 기념품 자석 이외에 살 것도 딱히 더 구경할 것도 없었다. 비싼 주차비도 신경이 쓰여 이동하기로 했다.

이번에는 영화스타들은 물론, 대부호들이 많이 살고 있다는 베벌리 힐스를 향했다. 아름다운 주택가를 지나거나 로데오 거리를 걷다 보면

스타와 만나게 되는 행운을 얻을 수 있을지도 모르는 일이었다. 내가 좋아하는 덴젤 워싱턴이 개를 산책시키며 지나가거나 브란젤리나 부부가 (지금은 이혼했지만) 유모차를 끌며 쇼핑을 하고 있을지도 모른다는 상상을 했다. 그러나 베벌리 힐스 주택가를 몇 바퀴 돌고 나니 높은 담과 나무에 둘러싸여 집 안이 하나도 보이지 않는 데다가 삼엄한 경비에 기웃거리기도 힘들었다. 평일의 주택가 거리는 사람 사는 동네 같지 않고 세트장처럼 썰렁했다. 기대치가 너무 높았던 탓에 더 실망스러웠다.

베벌리 힐스를 빠져나오는 길에는 뒤에서 차가 들이박는 접촉 사고가 났다. 뒷차 운전자가 보험처리를 하겠다고 하여 간단히 정리되었지만 남의 차를 빌려 나온 판에 사고까지 나니 둘 다 상태는 한마디로 '멘붕'이었다. 저녁을 먹으려고 한인타운으로 향해서는 음식점을 못 찾아 몇 바퀴를 뱅뱅 돌다가 저녁도 못 먹고 다시 돌아오고 말았다. 결국, 저녁은 라면으로 대충 때우고야 말았다.

전날의 분위기를 만회하고자 다음 날 디즈니랜드를 방문했다. 날씨도 너무 덥지 않고 적당하여 동심으로 돌아가 모험과 신비를 즐기기에 딱인 것 같았다. 막상 입장하니 생각보다 크지 않았다. 누군가는 디즈니랜드를 제대로 보려면 3박 4일은 걸린다고 하던데 과장법이었나 싶었다. 미국적인 감성이 풍부한 캐릭터들을 구경하고 놀이기구도 신나게 탔다. 크지 않다고는 했지만 온종일 돌아다니니 나올 때쯤에는 둘 다 다리가 아팠다. 아직 해는 지지 않았지만 볼 만큼 본 것 같아서 일찍 돌아가기로 하고 디즈니랜드를 나섰다. 그런데 이상했다. 맞은편 문에서 수많은 사람들이 나와서 이쪽 문으로 재입장을 하는 것이었다. 어? 저긴 뭐지? 하고 가보니 우리가 온종일 있었던 곳은 디즈니랜드가 아니라 디즈니 캘리포니아 어드벤쳐였다. 이미 메인 디즈니랜드 입장 마감 시간은 지났고 더 놀 기운도 없어 그냥 집으로 돌아올 수밖에 없었다. 디즈니랜드가 어땠냐고 묻는 성찬 오빠에게는 창피해서 그냥 재미있었다고만 했다.

성찬 오빠 부부가 틈틈이 시간을 내주어 저녁도 먹으러 가고 뉴올리언스 투어도 함께 해주지 않았더라면 LA는 배낭 여행자에게 낯설고 차가운 도시 그 이상도 그 이하도 아니었으리라.

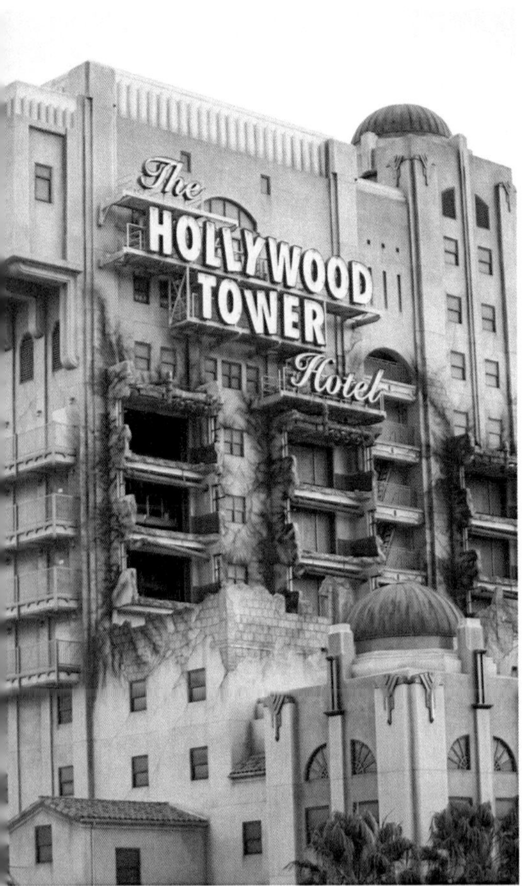

별것 하지 않아도 마냥 좋은

여행일지에 하루의 일과를 빽빽이 적으면서도 힘들기만 하고 재미없던 날이 있는가 하면 별것 하지 않은 것 같은데 괜히 가슴이 따뜻하고 벅찬 날이 있다. 전자가 마이애미라면 후자는 키웨스트라고 할까.

아메리칸 에어라인을 타고 마이애미 공항에 내리니 찌는 듯한 더위가 마중 나왔다. 공항에서 셔틀버스를 타고 렌터카 차량 인도장으로 이동하는 동안 온몸이 땀으로 흠뻑 젖었다. 보통은 가격대비 합리적인 차를 빌렸었는데 렌터카 가격이 워낙 싼 미국이라 흑설탕이 평소 타보고 싶다던 크라이슬러 300을 예약해 두었다. 우람한 디자인을 선호하지 않는 내게는 영 별로인데 차에 올라타니 촌스러운 배낭 여행자 티가 더 나는 것 같았다. 호텔에 짐을 풀자마자 최대한 깨끗하고 말쑥한 여름 의상으로 갈아입었지만 꼬질꼬질하다는 느낌을 지울 수가 없었다. 어딜 가도 여행자보다는 현지 사람처럼 보이고 싶지만, 마이애미에서는 불가능할 것 같았다.

베이사이드에는 항구를 배경으로 멋있게 뻗은 빌딩들과 별장들, 럭셔리 요트들이 즐비했다. 별장과 요트라니. 집 앞에 요트를 정박해 놓는 그런 삶은 도대체 어떤 것인지 궁금했다. 마이애미 해변은 듣던 대로 세계적인 호텔 체인들이 즐비했다. 호텔 숲을 지나 해변에 도착하니 파라솔들이 줄지어 있고 선텐을 즐기는 사람들이 많았다. 물론 바다 앞에 지었다고 그 바다가 호텔 것은 아니지만 남의 집에 들어온 것 같은 기분이 들었다. 다른 곳이라면 벌써 바닷속에 뛰어들었을 텐데 물놀이를 할 기분이 나지 않았다. 팜비치를 향해 달리면서 주차장에는 람보르기니, 페라리 같은 고급 차들이 세워져 있는 주택들을 실컷 구경했다. 초반의 신나던 느낌과는 달리 비슷한 풍경이 이어지는 것 같아 금방 지루해졌다. 왠지 LA의 할리우드와 이미지가 겹쳤다. 신기하고 즐거워야 하는데 피로감이 몰려왔다. 라스베이거스에서부터 비슷한 패턴이 반복되니 이쯤 되면 대도시 증후군이라고 불러야 할 것 같았다.

마이애미가 시들해 다음날 바로 갈까 말까 고민하던 키웨스트를 둘러보기로 했다. 헤밍웨이가 살던 섬으로 플로리다에서 키웨스트 섬까지 42개의 섬들 사이에 다리를 놓았다고 한다. 1번 국도를 타고 플로리다 반도 끝에 도달했을 때쯤 눈앞에 펼쳐지는 에메랄드빛 바다색에 눈이 너무 환해졌다. 현지인들은 여유롭게 앉아 낚싯대를 드리우고 있었다. 바다가 너무 투명해 찌가 다 보였다. 투명하다 못해 형광색이라 보석이 낚일 것 같았다. 안 와봤으면 큰일 날 뻔했다 싶었다. 흑설탕은 운전이고 뭐고 물에 뛰어들고 싶어 안달했다. 아쉽게도 옷을 가져오지 않아 발만 담갔지만, 종아리 사이로 찰랑거리며 흩어지는 바닷물이 기분 좋고 시원했다.

수많은 섬들을 지나 키웨스트에 도착했다. 마을 입구 주차장에 차를 세우니 트롤리를 타고 다니는 사람들도 있고 스쿠터를 빌려서 타고 다니는 사람들도 있었다. 생각보다 작은 동네여서 걷기로 했다. 지도 없이 걸어도 작고 아담한 섬이라 사람들이 몰려 있는 곳이 있으면 그곳이 곧 명소였다. 헤밍웨이가 살았다는 집도 구경하고, 라임 파이가 유명한 맛집도 들르고, 키웨스트의 전망대에서 쿠바를 굽어보기도 했다. 동네가 작고 아기자기해서 하늘거리는 파도처럼 넘실거리며 이곳저곳을 돌아다녔다. 드라이브만 하고 해지기 전에 마이애미 숙소로 돌아가려고 했었는데 발길이 떨어지지 않았다.

갑자기 한두 방울씩 비가 떨어졌다. 이제 집에 가라고 하는가 보다며 아쉬워하면서 주차장으로 발길을 돌리는데 빗방울이 굵어지며 폭우로 변했다. 사람들 모두 손에 든 것을 우산 삼아 이리 달리고 저리 달렸다. 마땅히 들어갈 곳을 찾지 못해 허둥거리는데 작은 음식점 안에서 내리는 비를 바라보던 주인이 웃으면서 문을 열었다. 얼결에 빨려 들어가듯 안으로 들어갔다. 비에 젖어 생쥐 꼴이라 식당의 천 소파에 앉기가 망설여졌다. 주인은 괜찮다며 앉으라고 권했고 곧 몸을 닦을 수 있게 수건까지 갖다 주었다. 낯선 여행자에게 베풀어 주는 환대에 기분이 좋아졌다. 헤밍웨이의 마음을 알 것 같았다.

대도시의 화려한 관광지에서는 사람 대 사람으로 누군가를 만날 기회가 적기 때문에 쉽게 지치는 것이 아닐까. 이제 다시 뒷골목을 누비는 배낭 여행자로 돌아가야 할 시간임을 깨달았다.

06

겸손해지는 대륙_ 남미

- 기간: 약 45일
- 여행지: 멕시코, 페루, 칠레, 볼리비아, 아르헨티나, 브라질 등
- 이동: 장거리 버스 등을 이용한 육로

화끈한 남미의 첫인사

정열의 키스

메히꼬데에페(멕시코시티)의 베니또 후아레스 공항에 도착하자 고대했던 남미에 왔다는 사실에 감격스럽기도 하고, 설레기도 했다. 공항에서 지하철을 타고 메트로 2호선 소깔로 역 근처에 내렸다. 지상으로 올라와 처음 마주한 거리는 같은 아메리카 대륙이지만 북미와 달리 유럽적인 느낌이 강했다. 유럽 올드 타운에서 흔히 볼 수 있는 우둘두둘한 돌길에 끌낭의 작고 낡은 바퀴가 마찰하면서 요란한 소리가 났다. 오늘은 이상했다. 달그락 소리가 마치 경쾌한 음악처럼 들렸다. 낯섦이 두려움이 아닌 설렘이 되기까지 오랜 시간이 걸렸다. 마지막 대륙에서야 겨우 말이다.

숙소에 짐을 풀고 점심을 먹으러 나갔다. 골목 밖에까지 늘어선 긴 줄을 보고 어렵지 않게 가이드북에서 추천하던 중국음식점을 찾을 수 있었다. 동양인 남녀를 흘끔 돌아보기는 했지만 그뿐이었다. 서둘러 대기행렬에 합류했다. 음식 냄새에 식욕이 폭발한 흑설탕이 메뉴를 보러 간 사이 돌발 상황이 발생했다. 앞에 꼭 끌어안고 있던 남녀가 갑자기 키스를 하는 것이었다. 가벼운 길거리 키스쯤이야 이미 익숙해졌으나 '가벼울 것'이라는 예상은 오산이었다. 금방 떨어질 줄 알았던 입술이 빨려 들어갈 듯 포개지더니 뾰족하고 높은 코가 찌그러지도록 키스를 해댔다. 나도 모르게 "어머나!" 소리가 절로 나왔다. 줄로 돌아오던 흑설탕이 혼비백산하며 "얘네 뭐 하는 거야?"라는데 "글쎄…"라는 말 외에는 딱히 답이 떠오르지 않았다.

남들은 아랑곳없이 그들은 정열적이었다. 눈을 꼭 감고 집중한 상태로 남자는 여자의 머리를 쓰다듬고 여자는 남자의 등을 쓰다듬으며 분위기는 점점 고조되었다. 흑설탕과 다른 이야기를 하면서 잊어 보려 했지만, 자꾸 숨이 차서 말이 끊겼다. 키스는 남이 하는데 왜 내가 숨이 차는지. 현지 사람들은 각자 수다를 떨고 전화를 하느라고 정신이 없었다. 영화를 보다가도 격렬할 키스 장면에 어색해하는 순진한(?) 한국인 부부 앞에 적나라한 현실의 키스 신이라니. 우리만 공연히 야한 영화를 몰래 보는 듯한 화끈함에 발그레해져서 식당에 들어가서도 조용히 밥만 먹었다.

밥을 먹고 호텔 주변을 산책하면서 길에서도, 지하철에서도 키스를 하는 젊은 커플을 여럿 보았다. 저녁 시간의 공원에서도 진한 애정 행각을 목격하는 건 일상다반사였다. 한국에서는 감정 표현을 절제하라고 배웠는데 마음껏 발산하는 그들의 모습이 부럽기도 했다. 첫인사부터 화끈했던 멕시칸들은 이후로도 끊임없이 정열적이었다.

인상적인 뽀요따꼬

호스텔을 나와 돌로 쭉 이어진 반듯한 길을 양쪽으로 굽어보며 어디로 가야 할지 잠시 망설였다. 아침에 늦게 일어난 탓에 호스텔에서 제공하는 아침도 못 먹어 둘 다 먹이를 찾는 하이에나 같았다. 가이드북에서 추천하는 집들은 대부분 점심부터 문을 열어 마땅치가 않았다. 이 골목 저 골목을 기웃거렸다.

다행히 금방 꼬치에 통째로 꼽힌 닭들이 돌돌 돌아가는 익숙한 모습이 보였다. 딱 봐도 따꼬(또르띠야라는 옥수수 전병에 고기, 해물 등을 넣어 싸먹는 멕시코 음식)를 파는 집이었다. 자석에 이끌리듯 가게로 들어갔다. "올라~" 하고 인사하자 주인이 무심한 얼굴로 맞이했다. 가게 안에 큼직하게 쓰인 메뉴가 생각보다 복잡했다. 'taco'라는 단어 이외에 익숙하지 않은 에스빠뇰이 눈에 들어오지 않았다. 흑설탕이 이것저것 물어보는데 영어를 잘하지 못하는 주인장과의 대화가 신통치 않았다. 말이 빠르고 복잡했다. 음식 이름, 지명은 귀신같이 기억하는 내가 나설 차례였다.

가게 입구에 앉아 맛있게 따꼬를 먹는 남자와 눈이 마주쳤다. '그게 뭔데 그렇게 맛있게 먹니?' 하는 나의 표정을 보고 '뽀요따꼬'란다. 아. 뽀요는 닭이라고 비행기 안에서 본 것 같다. "굿?"이냐고 짧고 명확한 질문을 하니 살짝 미소를 지어 보이며 "굿."이란다 그렇지! 주인에게 "뽀요따꼬 도스!"(치킨 타코 두 개)라고 자신 있게 외쳤다. 흑설탕이 "그게 뭐야?"라고 묻기에 "치킨 따꼬야. 저 입구 남자가 먹고 있는 건데 맛있대."라고 하니 뽀요가 치킨인 건 어떻게 알았냐며 감탄했다. 듣자마자 주인이 서둘러 익숙한 솜씨로 음식을 조리했다. 따끈하게 데우고 있던 따꼬 위에 치킨을 썰어 넣고 각종 채소를 올리는 분주한 모습이 흐뭇했다.

창가에 자리를 잡고 앉아 가게를 잠깐 둘러보는 사이 널직한 또르띠아 위에 썬 닭고기, 양파, 채소 등이 푸짐하게 얹어진 '뽀요따꼬'가 나왔다. 더도 말고 덜도 말고 사진에서 본 먹음직스러운 따꼬의 모습이었다. 어떻게 먹으면 맛있을까 고민하는데 주변 현지인들은 대부분 또르띠아에 속을 모두 넣어 양념을 듬뿍 넣고 말아먹었다. 얇은 빵에 고기와 채소를 넣는 건 터키 케밥과 비슷하지만, 케밥과 다른 맛이 나는 이유는 멕시코의 소스에 비밀이 있을 것 같았다. 초록색의 할라피뇨 소스와 고추, 레몬 등을 넣은 살사메히까나 소스까지 아낌없이 듬뿍 넣었다. 잘 구어 육즙이 살아있는 닭고기와 신선한 채소, 상큼한 소스의 조합은 최고였다. 고수만 빼면 한국 어딘가에서 맛본 듯한 익숙함이 있기도 했다. 1인분으로 성이 차지 않은 흑설탕은 추가로 더 시켜먹었다. 잘 먹는 흑설탕을 보니 아들 바라보는 엄마의 마음이 되어 흐뭇했다.

이후로 요리 재료와 식당 주문용 회화를 열심히 외워 남미 내내 잘 먹으면서 돌아다녔다. 여행하면서 흑설탕은 주로 대륙 간 이동과 동선을 고민했고 나는 일일 투어, 맛집 리스트, 주문 방법 등을 알아두었다. 지금도 흑설탕은 자기가 아니었으면 여행을 절대 못 했을 거라며 공치사를 하는데 내가 아니었으면 좋은 것도 못 보고 맛있는 음식도 못 먹었을 거라고 맞받아치곤 한다. 나의 역할이 얼마나 중요한 것인지 흑설탕은 이제 인정하라!

한류의 실체

메트로 1호선 차뿔떼백 역에서 내리자 시원하게 뚫린 너른 길과 공원이 나타났다. 평일 점심인데도 사람들로 제법 붐볐다. 우리도 다정한 연인들처럼 손을 잡고 산책 행렬에 동참했다. 시원하게 탁 트인 호수도 있었다. 호수에 떠 있는 오리배들을 보니 한강 어딘가를 걷는 듯했다. 서울에서도 마음만 먹으면 할 수 있는 일인데 여유를 가지는 것이 왜 그렇게 힘이 들었을까? 여행할 날보다 여행한 날이 더 많아서인지 돌아가야 하는 자리에 대해서 생각이 많아지는 요즘이다.

어느새 목적지인 차뿔떼백 박물관에 도착했다. 박물관 투어를 생략한 지 꽤 오래된 것 같았다. 초반에는 보고, 이해하고, 기억하려고 했지만 모든 것을 받아들이기에는 한계가 있었다. 입장료도 만만치 않았기에 당장 먹고 자는 문제가 더 급하고 중요할 때가 많았다. 그런데, 멕시코 국립 인류학 박물관은 꼭 들러보라고 다들 추천해 주었다. 아즈텍부터 마야까지 교과서에서 봤던 인류 문명의 총 집합인 데다가 건물 자체가 예술이라 하루를 투자해도 아깝지 않다고들 했다.

표를 끊고 안으로 들어서니 하늘을 향해 뻥 뚫린 시원하고 넓은 중정이 보이고 중정을 빙 둘러 구성한 전시실의 모습이 눈에 들어왔다. 단순한 구성인 것 같으면서도 화려했다. 개방적인 요소와 폐쇄적인 요소가 어우러져 비밀스러운 분위기를 풍겼다. 전시실의 순서를 따라 돌며 유적을 구경하는데 멕시코 유물들이 굉장히 현대적이라는 생각이 들었다. 특이한 조각상들이 많아 눈길을 끌었는데 과감한 컬러와 역동적인 표현력을 보니 정열적이었던 멕시코 사람들의 피가 과거로부터 시작된 것이라는 생각이 들었다.

잠시 물을 마시면서 연못 근처에 앉아 쉬는데 전시실에서 몇 번 마주친 여러 명의 십 대 소녀들이 다가왔다. 낯선 아시아인에게 말을 걸어 보고 싶었는지 쑥스러운 얼굴로 다가와 어느 나라 사람이냐고 물었다. "한국사람이야."라고 하니 서너 명의 소녀가 '꺄!' 하며 신나서 소리를 질렀다. 하이톤의 목소리가 중정을 타고 울려 주변 사람들이 무슨 일이 있냐는 듯 쳐다보았다. 한국사람인 게 그렇게 반가울 일인가 싶어서 어리둥절했다. 그녀들의 목소리가 무슨 신호라도 되는 양 멀리서 지켜보던 친구 두 명이 서둘러 달려왔다. 한 소녀가 신나서 '그럼 ○○○을 알아?' 하고 물었다. 서툰 영어 발음에 에스빠뇰이 섞여 어려웠다. 사람 이름인 것 같기도 하고 아닌 것 같기도 하고 종잡을 수가 없었다. "너희가 좋아하는 한국사람이야?" 하고 물으니 "물론이지!" 했다. 흑설탕이 잽싸게 "액터?"냐고 하니 "예스!"란다. "싱어?"냐는 나의 물음에도 "예스!"란다. 연기도 하고, 노래도 하는 사람으로 좁혀졌다. 고대 박물관에서 때아닌 스무고개가 펼쳐졌다. 그녀들이 다시 이름을 이야기하는데 도무지 알아들을 수가 없었다. 이번에는 다섯 명이 합창하듯 입을 맞춰 이름을 댔다. 갑자기 가족 오락관이 됐다. 서로 말이 안 통해서 답답하긴 하지만 너무 웃겼다. 한 소녀가 노래하면서 춤을 추기 시작했다. 어설픈 한국어 가사와 엉거주춤 춤이 더 웃겨서 다 같이 키득키득 웃음을 터트렸다. 근데, 어설픔 속에서 어디선가 본 듯한 익숙한 안무 포인트가 있었다. '혹시?' 문득 생각나는 게 있어 "동방신기!?"라고 외치자. 소녀들이 신이 나서 박수를 치며 펄쩍펄쩍 뛰었다. 한류의 인기를 몸소 느끼고 나니 신기할 뿐이었다. 동방신기의 나라에서 온 우리를 열렬히 환영하던 그녀들 덕분에 멕시코가 어제보다 더 좋아졌다.

마음이 비워지는 시간

남미의 야간버스 안에서

마야의 피라미드인 빨렌께를 보러 이동하면서 첫 장거리 야간버스를 타보게 되었다. 바로 옆 동네 가는 건데도 무려 12시간을 달려야 하고, 한 번도 쉬지 않는다. 24시간 또는 48시간 달리는 경우도 많아 이 정도는 짧은 거리다. 시간을 고려해서 국내선 비행기를 이용하는 것이 좋을 수도 있지만, 마지막 대륙이라 여행 예산이 바닥을 보이고 있었기에 시간보다는 돈을 아끼는 방향으로 움직이고 있었다. 그래도 처음 타는 장거리 버스라 등급이 높고 시설이 좋은 세미까마를 예약했다.

장시간 차 안에 머물 것을 고려해 웬만한 것들은 끌낭에 넣어 짐칸에 싣고, 중요한 노트북, 카메라 등과 간단한 세면도구, 책 등은 작은 백 팩에 넣어 차 안에 가지고 타기로 했다. 버스 정류장에 도착하니 2층으로 된 대형 리무진에 승객들이 오르고 있었다. 짐칸에 짐이 실리는 것을 확인하고 안으로 들어서자 널찍한 좌석들이 눈에 들어왔다. 1층에는 화장실이 있고 좌석 앞으로는 비행기처럼 뺄 수 있는 작은 식탁도 붙어있었다. 버스 승무원이 표를 확인하고 2층으로 올라가라고 안내해 주었다. 짐을 내리고, 자리를 잡고, 표를 확인하느라 분주했다. 떠나는 사람과 떠나보내는 사람들 모두 마지막 인사를 나누느라 소란스러웠고 창밖으로 손 키스를 날리는 것으로 작별인사는 겨우 마무리가 되었다. 버스는 곧 출발했다.

시내를 벗어나니 창밖의 풍경이 확연히 달라졌다. 키 크고 울창한 나무들이 점점 작아지더니 황량하고 건조한 땅이 보였다. 미국에서 보았던 것처럼 끝없이 넓은 황야가 펼쳐지고, 차는 꼬부랑길을 하염없이 올라갔다가 다시 내려갔다. 풍경을 바라보며 상념에 빠져 있고 싶었는데 차 안의 요란한 TV 소리에 시선이 차 안으로 소환당했다. 인기 있는 저녁 드라마인지 대부분의 현지 사람들은 화면에 얼굴을 고정하고 있었다. 누가 주인공이고 누가 악역인지 대충 알 것 같았다. 손바닥만 한 인간관계 속에서 말도 안 되는 우연이 얽혀 인연이 되고 다시 악연이 되는 상황 설정이 한국과 비슷했다.

그런데 가족 시간 때 하는 드라마치고는 선정적이고 폭력적인 장면이 그대로 나왔다. 남녀의 정열적인 키스는 기본이고 베드신도 파격적이었다. 한국이었으면 이불만 덮고 안에서 꼼지락거리는(?) 모습을 페이드아웃하며 다음 장면으로 넘어갔을 텐데 연인들의 애정신이 여과 없이 나왔다. 한 남자가 클럽에서 춤추던 사람을 칼로 찌르는 장면에서는 적당히 모자이크 처리를 했지만, 피가 튀는 모습이 징그러웠다. 편집을 하다만 것 같아 보고 있기가 불편했다. 애정신은 좋아하던 흑설탕도 잔인한 장면에서는 심한 거 아니냐며 얼굴을 찌푸렸다. 드라마가 끝나자 집중하며 보던 사람들이 아쉬운 마음에 투덜거렸다.

드라마의 종료가 신호인 듯 갑자기 승무원이 바삐 움직이고 음식이 담긴 식판을 앞쪽부터 차례차례 서빙을 했다. 빵과 샐러드, 음료수였다. 간단한 식사이긴 했지만, 공짜 밥이라 좋았다(물론 가격에 포함이지만). 식사하는 동안 어느새 정규방송은 종료하고 할리우드 영화를 틀어주었다. 이번에는 소리가 너무 작아 잘 들리지 않았다(어차피 더빙이라 못 알아들지만). 식사를 마치고 다시 영화에 몰입하는 사람도 있고 잠을 청하는 사람도 있었다.

밤이 되니 창밖에 검은 그림자들이 휙휙 지나갔다. 평야를 달릴 때는 이정표도 거의 보이질 않고 가로등도 보이지 않았다. 저가 비행기보다 편안하고 누울 만큼 뒤로 젖혀지는 안락한 시트 덕에 차 안에서 읽겠다고 가지고 온 영문판 어린 왕자는 한 장도 넘기지 못하고 별을 세다가 잠이 든 것도 같고, 생각하다가 잠든 것도 같고, 그렇게 야간버스 이동은 밤새 이어졌다.

신의 한 수 빨렌께

초등학교 때 고고학자가 되어 숨겨진 인류 문명의 비밀을 발견하고 싶다는 꿈을 가진 적이 있었다. 친구네 마당에서 신기한 모양의 돌이 나온다는 소리를 듣고 둘이서 며칠간 꽃삽으로 파헤쳤던 기억도 있다. 그 당시 백과사전에 나온 많은 유적 중에서 가장 보고 싶었던 건 이집트 피라미드였는데 지금 다시 보고 싶은 유적을 꼽으라면 빨렌께라고 답할 것 같다.

오전에 고대 마야 도시에 도착했다. 이미 멕시코에서 가장 유명한 피라미드 '떼오띠우아깐'을 보았지만 빨렌께는 왠지 꼭 들러보고 싶었다. 터미널에서 만난 여행사를 따라가 투어 차량에 탑승하자 시내에서 20분 정도 달려 유적지에 도착했다. 운전사가 차문을 열어 주더니 기다릴 테니 올라갔다 오라고 했다. 몇 가지 코스를 묶은 투어라 설명을 해주면서 끌고 다닐 줄 알았는데 다행이면서 걱정스러웠다. 사방이 우수마신따 산으로 둘러싸인 정글이었기 때문이었다. 막상 정글 안으로 들어서니 시원하게 뻗은 나무들과 아름다운 식물들로 잘 가꾸어져 있어 걷는 것이 즐거웠다.

입구까지 한참을 가니 확 트인 공간이 나오면서 눈앞에 피라미드가 펼쳐졌다. 땡볕에 세워진 떼오띠우아칸과 달리 무성한 밀림 속에 지어진 고대 건물은 더 묘한 신비로움이 있었다. 오락가락하는 비 때문에 어둡고 습했지만, 더위와 비 중에서 하나를 고르라고 한다면 비가 낫겠다 싶었다. 대부분의 사람들이 비 맞는 것을 아랑곳하지 않고 피라미드 사이를 오가고 있었다. 덥지 않은 날씨와 이국적인 정글의 풍경에 흑설탕의 얼굴이 나쁘지 않았다. 이집트 이후로 모든 피라미드가 시들해진 흑설탕을 꼬드겨서 들른 차였기 때문에 더 신경이 쓰였다.

발길 가는 대로 움직였다. 실제로 왕이 살았던 피라미드라는데 공간마다 어떤 용도로 사용했는지 짐작할 수가 있었다. 높은 천장을 가진 회랑을 걷기도 하고 무너진 피라미드의 담벼락을 아슬아슬하게 넘나들기도 했다. 돌들이 많이 무너져서 위험한 곳도 있었지만 대부분 형태가 잘 보존되어 있어 얼마나 아름다운 곳이었을지 짐작하고도 남음이 있었다.

그런데 안쪽으로 더 들어가는 동안 빗방울이 굵어지더니 곧 폭우로 바뀌었다. 여유롭던 사람들이 급하게 구조물 안으로 달리기 시작했다. 비를 피할 수 있는 곳은 피라미드뿐이라 모두 각자 맘에 드는 피라미드 속으로 들어갔다. 안쪽까지 깊이 들어와 있던 우리는 잎사귀 십자가 신전에 올랐다. 신전에는 백인 커플과 우리뿐이었고 맞은 편 피라미드에는 관광객들이 몰려 있어 좁아 보였다. 마이크를 잡고 열심히 설명하던 가이드도, 이야기를 나누던 여행객도 일순간 고요해졌다. 쏴~! 하고 쏟아지는 빗소리만이 정적을 메웠다. 다들 마치 단체 명상을 하는 것 같았다. 고대 마야 시절에도 이렇게 비가 내렸을 텐데 그 시절에 대해 하고 싶은 말이 있는 것일까? 흑설탕이 혼잣말처럼 "와, 멋있다."라고 되뇌었다. 우리가 언제 다시 멕시코의 피라미드에서 비 오는 것을 바라볼 수 있을까? 비는 밀림만을 촉촉하게 적시고 곧 검은 구름과 함께 사라졌다. 잠깐의 비였지만 밀림의 온도는 한결 낮아지고 쾌적해진 것 같았다. 사람들은 곧 명상에서 깨어 다시 피라미드를 감상했다.

돌아서 내려오는 길은 시작과 달리 제법 우거진 정글을 헤치고 걸어야 했다. 마치 탐험가가 된 것 같았다. 이미 온몸이 젖은 터라 더 이상 조심할 것도 없었다. 흠뻑 젖은 나무등걸에 걸터앉아 쉬기도 하고 작고 아담한 폭포에 발을 담그기도 했다. 숲을 헤치고 흔들 다리를 건너면서 노래가 흥얼거려졌다.

진짜로 고고학자가 되었더라면 어땠을까? 정글을 오가며 마야 문명의 비밀을 밝혀내는 것도 가치 있는 일이겠지만 사랑하는 사람과 손을 잡고 여행하는 것만큼 즐겁지는 않았을 것 같다. 여행을 통해서 채우기를 바랐지만, 오히려 비워지는 요즘이다.

다시 시작할 수 있는 용기

"안녕하세요? 한국사람이세요?"

오랜만에 듣는 한국말이라 둘 다 깜짝 놀라 고개를 들었다. 빨렌께 유적을 보고 야간버스로 메리다로 넘어가기 전에 시간이 좀 남아 기념품 가게를 구경하던 중이었다. 한 도시마다 한 개의 자석 기념품밖에 살

수 없기에 신중했다. 둘이서 이건 어떨까, 저건 어떨까 하며 집중하느라 누가 다가오는지도 몰랐다. 반갑기도 하면서 초라한 행색에 조심스러워졌다. 여행자 분위기는 아닌 것 같고 그렇다고 현지에 사는 사람 같지도 않은데 말을 거는 태도가 지나치게 조심스럽고 눈치를 많이 보고 있었다. 의도를 숨기고 있는 미심쩍은 느낌이랄까? 촉이 좋은 나만 느끼는 것은 아니었는지 한국인만 만나면 반가움에 무장해제가 되는 흑설탕도 같은 반응이었다. 그는 초행길이라면 안내를 해 주겠다고 했다. 딱히 안내를 받을 만큼 큰 동네도 아니라 현지인이라면 단박에 거절했겠지만, 같은 한국인이라는 이유로 거절이 쉽지 않았다.

둘이 잠시 망설이며 눈길을 주고받는 사이 그가 앞으로 나서면서 옆 기념품 가게가 물건이 더 다양하다며 따라오라고 했다. 기념품을 고르고 중앙광장까지 걸어가는 길지 않은 시간 동안 자꾸 말을 아끼게 되었다. 반대로 그는 지나치게 말이 많고 장황했다. 간단히 서로의 소개를 하고 나서도 딱히 묻지도 않은 이야기를 너무 많이 늘어놓고 있었다. 현지 아이를 가르치고 오는 길이라는 둥 오랜만에 고향 사람을 만나서 너무 기뻐서 그런다는 둥. 한국에서 자기가 꽤 잘 나갔었다는 둥.

중앙광장에는 공연이 있을 예정인지 리허설이 한창이었다. 그는 공연 전에 저녁을 먹는 것은 어떠냐고 물었다. 잘 아는 단골집이 있는데 가격도, 맛도 훌륭하다면서 소개해주겠다고 했다. 이끄는 대로 광장 옆 식당으로 들어서니 자주 가는 단골집이라는 소개와는 달리 인사하는 주인의 태도는 건성이었다. 낯선 여행객을 의식하기는 했지만, 왠지 반갑지 않은 듯했다. 아랑곳하지 않고 그는 직접 메뉴판도 가져다주고 메인요리를 추천해 주기도 했다. 꼭 맛보아야 할 음식들이라는 말에 평소보다 조금 많이 주문했다. 주문을 마치고 메뉴판을 건네주니 막상 본인은 배가 고프지 않다면서 시키지 않았다. 음식 이미지를 게걸스럽게 훑는 눈빛과 침 삼키는 모습을 봤기에 곤란하고 마음이 불편했다. 메인요리가 다 나왔는데 눈을 떼지 못하는 그의 모습에 함께 먹자고 권했다. 배가 안 고프다는 아까와는 달리 사양도 하지 않고 적극적이었다. 참아왔던 식욕이 폭발하는 듯 허겁지겁 먹기 시작했다. 며칠 굶은 사람 같았다. 속도가 느린 내 접시로 흑설탕이 음식을 서둘러 덜어 주었지만, 정신없이 먹는 그를 흑설탕도 따라가기 어려웠다.

식사가 마무리될 때쯤이었다. 배가 부르니 경계심이 낮아졌거나 아니면 우리가 만만해 보였던지 자신의 이야기를 털어놓기 시작했다. 가족들과 미국에 이민 갔다가 사기를 당해서 혼자 멕시코로 내려오게 되었으며 영어를 가르치면서 생계를 이어가고 있다고 했다. 그는 저녁도 얻어먹고 가능하다면 금전적인 도움도 받고 싶다고 본심을 드러냈다. 멕시코까지 여행을 올 정도면 여유로운 분들 아니냐고 넉살 좋게 웃었다. 흑설탕이 한국으로 돌아갈 생각은 없는지 물으니 말투가 공격적으로 바뀌었다. 한국에서 잘 나가던 자기가 이대로 돌아간다는 건 자존심 상하고 창피해서 싫다고 했다. 성공하기 전에는 절대 돌아가지 않을 거라고 했다. 후식까지 시켜 나눠 먹고 그의 이야기를 더 들어주었으나 우리가 할 수 있는 건 여기까지였다. 식당을 나와 계속 안내를 해 주겠다는 그에게 거절하고 작별의 인사를 했다. 잠시 아쉽다는 표정을 짓던 그는 미련 없다는 듯 가버렸다. 미안하다거나 고맙다는 말 한마디 없었다.

여행하면서 이런 사람들을 꽤 많이 보아왔다. 중국의 어느 게스트하우스나 인도의 어느 한국인 식당에서 종종 그들과 마주쳤다. 그들은 순진한 한국 여행객에게 사기를 치기도 하고 거짓말을 일삼기도 하면서 내가 원래는 이런 사람이 아니라고 했다. 성공하기 전에는 절대 한국에 돌아가지 않겠다고도 했다. 남에게 보이는 성공에 집착할 게 아니라 내가 바라는 행복이 무엇인지를 생각해볼 일이다. 그래야 다시 시작할 수 있는 용기가 생기지 않을까?

휴양지의 로망

나 이런 여자야~

깐꾼의 센뜨로 버스터미널에 내리자마자 뚤룸거리에 있는 게스트하우스를 찾아갔다. 여자 도미토리 문을 열고 들어가니 비수기라 대부분의 침대는 비어 있었고, 네 명의 십 대들이 요란하게 돌아다니며 옷을 갈아입고 화장실에서 드라이를 하고 있었다. 갑자기 등장한 동양인 여행자를 보고 잠깐 놀래서 1초간 정지했다가 곧 인사를 나누며 경계를 풀었다. 그녀들과 비교적 멀리 떨어진 침대를 선택해서 짐을 풀고 정리를 했다. 움직일 때마다 호기심 어린 시선이 내 동선을 따라 다녔다. 어디에서 왔는지 물으니 아르헨티나에서 왔고 방학이라 친구들끼리 여행을 왔다고 했다. 좋은 데 가냐고 물으니 '코코봉고'에 갈 거란다. 코코봉고라는 단어를 말하는 그녀들의 얼굴이 무척이나 들떠 보였다. 그게 뭐냐고 묻기도 뭣하고 자리를 피해 주는 게 서로에게 좋을 것 같아 잘 놀다 오라는 인사를 하고 마당으로 나왔다(나중에 찾아보니 클럽이었다).

흑설탕을 기다리며 뜰이 너무 예뻐서 구석구석 사진을 찍고 있는데 나무 사이에 걸린 해먹에서 남자 하나가 벌떡 일어났다. 사람이 없는 줄 알고 풍경을 찍은 건데 오해한 것 아닌가 싶어 무안했다. 그는 "헬로!" 하고 인사를 하면서 다가와서는 어디서 왔냐고 물으며 내 옆에 앉았다. 갈색 곱슬머리에 움푹 들어간 깊은 눈, 볼에는 깨가 앉은 스무 살쯤 되어 보이는 남미계 남자였다. 대부분 동양 여자인 내게 별 관심이 없었는데 가까이 앉아 눈을 맞추며 질문을 하는 사람은 처음이었다. 괜히 수줍어졌다. 한국에서 왔다고 하니 자기는 아르헨티나 사람인데 한국인은 처음 본다고 했다. 뜬금없이 오늘은 무엇을 할 거냐고 물었다. 좀 있다가 코코봉고를 갈 건데 같이 가지 않겠냐고 한다. 그놈의 코코봉고가 뭔데 다들 가겠다고 난리인지. 왠지 그게 뭐냐고 물으면 촌년 취급을 당할 것 같아서 "일행이 있어서."라고 만 대답했다.

잠깐의 침묵이 흐르는 찰나. 그가 갑자기 나를 보고 귀엽다며 웃었다. 뭐? 내가 잘못 들었나? 귀.엽.다.니. 도대체 누가 누구보고 귀엽다는 것인지. 익숙한 단어이지만 생경하고 이상했다. 귀엽다는 이야기를 들은 지 거의 십 년쯤 된 것 같았다. 퍼뜩 이 청년이 나에게 작업을 걸고 있다는 사실을 깨달았다. 아 백설탕, 아직 죽지 않았구나. 역시 남미야말로 동양인의 아름다움을 알아볼 줄 아는 진정한 대륙이었다. 그러나 속마음과 달리 딱히 할 말이 생각나지 않았다. 뭐가 좋은지 그는 히죽히죽 웃고만 있었다.

이런 상황은 그리 오래가지 않았다. 저 멀리서 흑설탕이 걸어오고 있었기 때문이다. 모르는 남자와 앉아 있는 나를 보고 "걘 누구야?"라고 하는데 괜히 잘못을 저지른 것처럼 분위기가 어색했다. "응. 아르헨티나 앤데. 얘가 나한테 귀엽대. 냐하하!" 흑설탕은 시큰둥한 말투로 "뭐가 귀엽다는 거야?"라며 다가왔다. 낯선 한국말 대화를 듣고 어리둥절해 하면서 누구냐고 묻는 그에게 "우리 남편이야."라고 소개하니 당황해하면서 벌떡 일어났다. 아르헨티나 청년과 어색한 눈인사를 나눈 흑설탕이 "가자!" 하면서 내 손을 덥석 잡아끌었다. 작별인사를 할 새도 없었다.

광장에서의 멕시칸 만찬

늦은 점심을 먹기 위해 센뜨로 근처, '라 빨라빠스' 광장을 향해 걸었다. 멕시코에서 만난 광장은 시민들의 놀이터이자, 시장이자, 사랑이 싹트는 공간이었는데 해가 지는 저녁 무렵이면 천막이 쳐지고 불이 밝혀지면서 사람들로 북적거리곤 했다. 광장 무대에서는 노래와 춤 공연이 끊이질 않았고 주변으로 처진 천막에서는 간식거리며 먹거리들이 고소한 냄새를 풍겼다. 멕시코의 여러 도시를 지나오면서 자연스럽게 저녁 시간에는 주로 광장에서 시간을 보내곤 했다.

라 빨라빠스 광장 주변에도 음식점들과 펍이 많았다. 그러나 한국인의 배꼽시계는 12시만 넘으면 아우성이지만 멕시칸들은 이탈리안처럼 늦은 점심식사를 하는 터라 2시가 좀 안 된 시간에 문을 연 가게가 거의 없었다. 다행히 일찍 문을 연 곳이 있어 자리를 잡고 앉아 멕시코 생선가스(필렛 데 페스카도)와 해물탕(소파 데 마리스코스)을 시켰다. 음식이 나오기 전에 에피타이저로 나오는 또르띠아 칩이 다른 곳보다 양이 많았다. 고수가 잔뜩 들어간 살사소스에 듬뿍 찍어 한입 먹으니 매콤한 소스와 잘 어우러졌다. 또르띠아 칩을 한입 물자마자 그냥 있을 수가 없었다. "아, 못 참겠다!" 하니 흑설탕이 기다렸다는 듯 데까테(멕시코 맥주) 두 병을 시켰다. 맥주 한 모금, 칩 한 입을 반복하며 '진짜 너무 좋다'를 되뇌고 있는데 기대하던 메인요리가 나왔다.

멕시코 요리는 매번 나올 때마다 엄청난 양에 놀라게 되고 그걸 다 먹는 나 스스로에게 놀라게 된다. 생선가스는 기대한 만큼 사이즈가 컸고, 맛도 환상적이었다. 메리다에서 처음 먹은 이후에 어디를 가도 생선가스 집을 찾아다녔다. 얇게 저민 흰살생선을 튀김옷을 입혀 튀겨 내는 것은 한국이나 일본과 같은데 생선의 종류가 달라서인지 튀김옷에 비법이 있는 것인지 훨씬 부드럽고 고소했다. 한입 물자마자 입안에서 녹아 없어져 아무리 큰 사이즈라도 다 먹고 나면 항상 아쉬웠다. 짭짤하게 간이 제대로 배어있어 밥과 먹어도 딱이고, 맥주와도 딱이다. 또르띠아 칩과 함께 맥주를 이미 한 병씩 비우고 메인 음식과 함께 두 병을 더 시켰다. 커다란 그릇에 담겨 나온 해물탕도 해물이 아낌없이 들어가 있었다. 향신료 추가 비율이 달라 더 시큼한 맛이 나면 태국의 똠양과 비슷하기도 했다. 과음한 다음 날 먹으면 해장은 물론 또 술을 부르는 마법 같은 맛이다. 식사와 함께 여유로운 낮술을 마시다 보니 어느새 광장 옆 식당들은 점심을 먹으려고 모여든 멕시칸들로 가득 찼다. 우리도 멕시칸이 된 듯 여유롭게 점심을 먹었다.

5시가 다 되어 광장으로 나와보니 이른 시간임에도 광장의 가로등이 하나둘 켜졌다. 오늘도 어김없이 행사가 있는지 조명과 음향 시설이 설치되어 있고 의자를 줄 맞춰 놓느라고 분주했다. 기념품 가게들을 기웃거리며 구경하고 간식을 사 먹는 동안 천천히 해가 지면서 음악은 더 신나는 곡으로 바뀌었다. 스피커에서 나오는 경쾌한 음악에 몸이 절로 흔들거렸다. 코코봉고까지 갈 것도 없이 라 빨라빠스 광장도 본격적인 파티 타임이 시작되었다.

휴양지의 로망은 개뿔

"백설탕, 그만 일어나!"

흔들어 깨우는 흑설탕의 외침에 눈을 떴다. 눈곱만 떼고 사놓은 빵과 우유로 아침을 해결했다. 깐꾼의 호텔존에서 머무는 3박 4일 동안은 투어도 하지 않고 조용히 책을 읽고 산책하고 수영만 하면서 쉬기로 했다.

호텔 안의 수영장에는 이미 많은 사람들이 있었다. 참으로 부지런했다. 휴가를 즐기러 온 할아버지 할머니들은 선베드를 차지하고 누워 책을 읽거나 샌드위치를 시켜 먹어가며 수영을 하고 있었다. 호텔을 한 바퀴 둘러보는데 햇볕이 점점 뜨거워져서 걷기가 힘들었다. 수영장을 가로질러 해변으로 나가니 젊은 사람들은 바다를 더 선호했다. 적당한 선베드를 찾는데 인종 별로 다른 공간을 차지하고 있었다. 서양인들은 햇빛 아래 선텐을 즐기고 있었고 동양인들은 그늘에 자리를 잡고 있었다. 얼핏 보면 동남아인 같기도 하고 남미인 같기도 한 흑설탕은 햇빛 한점 허용하지 않겠노라며 그늘 중에서도 그늘을 찾아 자리를 잡았다. 그런 곳은 늘 일본과 중국인들뿐이었다. 타는 것을 싫어하는 것은 한, 중, 일 동아시아인의 공통점이 아닐까 싶다.

적당한 비치의자에 자리를 잡자마자 나는 어린 왕자 영문판을, 흑설탕은 사전 두께의 경제 서적을 꺼냈다. 각자 여행 중에 읽겠노라며 딱 한 권씩 남긴 책인데 책만 펴면 잠이 쏟아져 진도는 나가지 않고 새 책이나 다름없었다. 서너 장 넘겼을까? 옆에 앉은 흑설탕의 고개가 '까딱까딱'하는 것을 보니 조는 모양이었다. 음료수를 한잔 마실까 하고 야외 바 쪽을 둘러보자 센스 있게 바텐더가 메뉴판을 가져다주었다. 길에서 사 먹던 주스에 비하면 비싼 가격이지만 오늘은 캐리어 여행자니까 즐기기로 했다. 아이스티 한잔과 파인애플 주스를 시켰다. 얼음을 넣은 믹서기가 요란하게 돌아가는 소리가 들리더니 곧 시원한 음료수가 나왔다. 과일로 장식한 늘씬한 주스 컵이 보기만 해도 시원했다. 바닷가 선베드에서 시원한 음료수를 마셔가며 책을 읽기는 그동안 우리가 꿈꿔온 로망이었는데 음료수를 다 마시고 나니 여행자의 로망은 개뿔. 더 이상 앉아 있기가 힘들었다.

흑설탕에게 "수영이라도 할까?" 하고 물으니 기다렸다는 듯 벌떡 일어나 호텔 수영장으로 달려갔다. 선베드에서의 여유가 체질이 아니면 어떠랴. 가지고 온 책이 다섯 장 이상 안 넘어가면 어떠랴. 바닷가이건 수영장이건 좋은 대로 즐기면 그뿐이라는 생각이 들었다. 수영장으로 뛰어들어 요란하게 물을 튀기며 놀았다. 미끄럼틀도 독차지했다. 뛰어다니며 놀다 보니 시간이 금세 지나고 배가 고파졌다. 호텔에서의 고급스러운 식사 대신 버스를 타고 센뜨로로 넘어가 라 빨라빠스 광장에서 맥주를 마시며 우리 식대로 깐꾼을 즐겼다.

초현실적인 아름다움

마추픽추면 어떻고, 띠띠까까면 어떠리

페루 리마에 도착하자마자 안타까운 비보가 전해져 왔다. 5일간 쏟아진 폭우로 인해 쿠스코 잉카트레일의 운행이 잠정 중단되었다는 것이다. 페루 여행의 99%가 마추픽추를 보기 위해서라고 해도 과언이 아닌데, 좌절하였다. 폭우로 인해 고립되고 다친 여행자들이 많다는 이야기에 천재지변을 피한 것만으로도 감사해야 할 판이었지만 언제 다시 올지 모른다는 생각을 하니 우울했다. 어설프게 페루를 돌아다니느니 다음번을 기약하자는 생각으로 리마만 이틀 구경하고 망설일 것 없이 볼리비아로 떠나기로 했다.

터미널에서 버스를 탔다. 아침 일찍부터 짐 싸느라고 정신이 없어 고산병약을 사놓는 걸 까먹었다. 아직 컨디션도 좋고, 지대가 그리 높은 것 같지는 않으니 도착해서 사 먹으면 되겠지 싶었는데 오산이었다. 경유하는 아레끼빠에 거의 다 오자 머리가 지끈거렸다. 흑설탕이 잘 자고 있어 아프다고 하기도 뭣하고 버텨 보려고 했는데 머리뿐 아니라 속도 좋지가 않았다. 옆에 앉은 백인 여자가 가방에서 부스럭거리며 무언가를 꺼내더니 하얀 알약을 잽싸게 삼키는 것을 보았다. 차를 갈아탈 때 약을 꼭 사야지 싶었다.

갈아타기 위해 내린 버스터미널은 혼잡했다. 화장실을 다녀오니 띠띠까까행 버스가 도착해서 지금 바로 타야 한다고 흑설탕이 급히 서둘렀다. 속이 별로 좋지 않다고 이야기를 할 새도 없었다. 버스에 오르자마자 곧 출발했다. 고산병이 아니라 컨디션이 안 좋아서 일수도 있겠다는 생각을 하면서 억지로 잠을 청했다. 하지만, 상황은 좋지 않았다. 차가 출발하고 얼마 지나지 않아 머리가 깨질 것 같은 두통에 도저히 눈을 감고 있을 수가 없었다. 메슥거리고 속이 부글거려 견딜 수가 없었다. 곧 흑설탕도 머리가 아프다고 하더니 같은 증세로 앓는 소리를 했다.

저녁 늦게 띠띠까까에 도착했을 때는 둘 다 초죽음이 되어 있었다. 속이 울렁거리고 머리가 아파서 주변 풍경이 눈에 들어오지 않았다. 일단 어디든 들어가서 몸을 누이고 싶은 생각만 간절했다. 온몸에 기운이 없고 식은땀만 났다. 서둘러 숙소를 찾아서 들어와 누웠다. 누웠어도 잠은 오지 않고 머리는 아프고 속은 울렁거려 밤새도록 앓았다.

아침이 되자마자 옷을 갈아입고 천근만근 같은 몸뚱어리를 질질 끌며 게스트하우스를 나왔다. 길에서 물어보니 시장 안에 약국이 있다고 했다. 활기찬 아침 시장은 빠르게 움직이고 있는데 두 동양인만 느린 걸음으로 움직이고 있었다. 시장 중간에 작은 약국이 있었다. 불쌍한 얼굴로 머리가 아프고 배가 아프다는 시늉을 하자 포장이 조악한 알약을 건네주었다. 너무 허름한 약국과 표정 없이 건네는 약사의 모습이 못 미덥기는 했지만, 여행자가 찾는 약은 뻔할 거라는 생각이 들었다. 빈속에 먹으면 안 될 것 같아 문을 연 아무 음식점이나 들어가 음식을 꾸역꾸역 입에 넣고 약을 한 알씩 털어 넣었다. 꼬박 하루를 힘들게 앓은 것치고 약발은 허무하게 잘 들었다. 차를 한잔 마시면서 속을 진정시키는 동안 머릿속에 꽉 찬 먹구름이 걷히는 듯 맑아졌다. 이렇게 바보 같다니

알약 한 개만 챙겨 먹으면 될 일이었는데. 머릿속이 맑아지고 속이 정리되고 나니 그제야 움직일 기운이 났다.

띠띠까까 호수 방향으로 걸으며 동네를 구경했다. 식은땀을 흘리며 자다 일어난 거라 둘 다 모양새가 꽝이었지만 상관없었다. 하늘과 마주한 호수의 풍경은 고요하고 맑았다. 서로를 마주 보며 닮아가고 있었다. 호숫가에 앉아 하늘을 보고 있으니 하늘에 올라 호수를 내려다보는 것 같기도 했다. 우리의 컨디션이 어제 같았다면 지금의 이 풍경이 하나도 마음에 담아지지 않았으리라.

호텔로 돌아오는 길에는 행사인지 축제인지 전통 악기를 치면서 춤추는 한 무리의 사람들과 마주쳤다. 농악과 비슷하게 꽹과리와 피리 등을 연주하는 모습에 신이 나 현지인들과 함께 뛰어들어 신나게 춤을 추었다. 마추픽추면 어떻고, 띠띠까까면 어떠리. 몸 건강히 신나게 춤이나 추다 가련다.

총천연색의 세계, 우유니

차가 고장이 나서 쉬는 바람에 산 후안 마을에 늦게 도착했다. 아직 해도 뜨지 않았는데 창밖에서 이름을 불러대는 가이드를 따라 지프차에 올랐다. 대부분이 우유니 투어를 위해 달려온 외국인 여행객이라 버스터미널은 서로의 손님을 찾는 가이드들로 정신없고 아수라장이었다. 짐을 그야말로 짐짝처럼 차에 던지는 가이드에게 뭐라고 할 새도 없이 우리도 짐짝처럼 차 안으로 몸을 던졌다. 지프차 안에는 네덜란드에서 왔다는 청년과 덴마크에서 같이 온 여자 둘. 그리고 우리 일행까지 총

다섯이었다. 처음 보는 그들과 인사를 나누었다. 가이드도 이름과 잘 부탁한다는 인사를 하고서는 별말이 없었다. 불친절하지는 않았지만, 여행 내내 간단한 설명 이외에 별로 입을 열지 않았다. 그는 가이드이자 운전사이자 요리사였다.

처음 만나는 사람들 사이에 흐르는 어색한 공기를 가르며 출발했다. 곧 모두 창밖을 보면서 상념에 빠졌다. 평야가 나오면서 풀을 뜯는 뻬꾸냐가 보이더니 이내 모두 사라지고 무미건조한 풍경들이 이어졌다. 곳곳에 물웅덩이들이 있었다. 어떤 물웅덩이는 몹시 커서 빙 돌아서 가야 하기도 했고 어떤 건 물살을 가르면서 달리기도 했다. 몇 번 지프차를 타고 낯선 환경을 달려 본 기억이 있었지만, 창밖의 풍경이 몽환적이라 꿈속을 지나는 것처럼 몽롱했다. 어젯밤 버스를 타고 먼 길을 달려온 데다가 제대로 잠을 못 잔 탓에 피곤했다. 아침 햇빛이 떠오를수록 나른함은 배가 되어서 창밖의 풍경을 눈에 담기 힘들었다. 머리가 자꾸 땅으로 쳐지고 슬슬 배가 고파졌다. 하늘빛과 땅 빛이 점점 닮아가며 어둡던 창밖이 환해졌다. 덴마크 여자 두 명이 조잘조잘 이야기를 나누기 시작했다.

차들이 갑자기 많아졌다. 여기저기서 짐을 싣고, 사람을 잔뜩 태운 지프차들이 모여들고 있었다. 그와 동시에 다른 세계로 빨려와 순간 이동을 한 것 같았다. 창밖의 풍경을 보고 누가 먼저랄 것도 없이 짧은 탄성을 질렀다. 하늘빛과 땅 빛은 이제 닮은 정도가 아니라 하늘이 곧 땅이고, 땅이 곧 하늘이었다. 이래서 폭우로 인해 여행이 지연되기도 하지만 우기에 우유니를 찾는 이유를 알 것 같았다. 커다란 물웅덩이는 빙 돌아서 가야 했지만, 그것은 더 이상 물웅덩이가 아니었다. 거대하고 푸른 '하늘 호수'였다. 호수 안에는 구름도 흐르고 바람이 불고 있었다. 창밖을 보면서 하늘 호수를 내려다보니 어느새 차를 타고 하늘을 달리고 있었다.

여행자들을 태운 지프차들이 소금호텔로 모였다. 잠시 쉬는 중간 정착지라고 했다. 차에서 내리자마자 점심을 먹는 것도 잊은 채 다들 미친 듯이 사진을 찍었다. 더 좋은 사진을 남기기 위해서는 서로의 도움이 필요했다. 덴마크 아가씨들에게 한두 번 사진을 찍어주고 우리도 도움을 받다가 나중에는 다 같이 찍자고 나섰다. 찍을 때마다 새로운 아이디어가 더해져 재미있는 사진이 나왔다. 처음에는 점잔을 빼던 네덜란드 청년도 곧 적극적으로 합류했다. 무슨 팀 미션을 받은 것처럼 다른 여행객보다 더 좋은 사진을 건지려고 난리였다. 여기서 점프를 하면 저쪽에서도 곧 점프를 했다.

우유니에는 소금사막만 있는 것은 아니었다. 둘째 날부터는 땅과 바람의 조화를 볼 수 있었다. 풍화작용에 의한 지형의 변화들은 생각보다 극적이면서 특이했다. 건조한 사막을 달리고, 화산을 보고, 수많은 호수를 지났다. 기묘한 형태를 띠는 지형과 그곳에 사는 동·식물도 보았다. 황량했지만 그곳에도 생명체가 살고 있었다. 척박한 환경에서 사람 키보다 더 크게 자란 선인장들이 웅장했다. 하루 이틀 만에 풍경이 달라질 수 있다는 것이 신기했다.

무엇보다 인상적이었던 것은 우유니가 보여주는 총천연색이었다. 현실의 색이라고 하기에는 너무 환상적이었다. 하늘색이 선명한 '트루키리 호수'를 지나고, 소금이 끼어 있어 흰색을 띠던 '까나빠 호수'도 지나고 붕산이 들어 있다는 '에다온다 호수'도 지났다. 어떤 호수는 녹색이었고 어떤 호수는 흰색이었다. 각각의 컬러를 지니고 있어 남미답다는 생각이 들었다. 그중에서도 '꼴로라다 호수'에서는 총천연색의 절정을 맞이했다. 주황색 호수에 분홍색 플라밍고 새들이라니! 텍스트로는 아무래도 설명할 수 없었다. 자연에서 이런 색감이 나올 수 있다는 것이 신선했다. 사진을 미친 듯이 찍고 또 찍었다. 아쉽게도 남미 막판에 외장하드를 잃어버려 두 번 다시 볼 수 없는 사진이 되었지만 그래서 기억에 더 총천연색으로 남아있다.

설탕부부의 춤바람

공복의 땅고 공연

아르헨티나 부에노스아이레스의 게스트하우스에서 땅고 공연을 추천 받았을 때는 가격이 비싸 반신반의했었다. 땅고의 발상지라는 '라 보까'를 방문해 길거리 공연을 봤는데 공짜라서 그런지 감흥이 없었다. 점심을 먹는 식당 한쪽에 마련된 공연도 딱 그 정도였다. 돈 내고 볼 정도는 아니라는 생각이 들었다. 그러나 다녀온 사람들의 적극적인 추천이 있어 가보기로 했다.

유서 깊은 느낌의 극장에 도착하니 1층 홀에 많은 사람들이 모여 있었다. 공연을 보러 온 사람들인 줄 알았는데 홀 안에서는 신나게 땅고를 추고 있었다. 좌석에 앉은 사람들도 순서대로 일어나서 춤을 추었다. 대부분이 노인들로 고령이었는데 춤추는 사람이나 기다리며 구경하는 사람이나 흥겨우면서 진지했다. 우리나라로 치면 카바레쯤 될까. 땅고가 아르헨티나의 대표적인 춤이긴 하지만 젊은이들은 아마도 클럽에 몰려 EDM에 빠져 있을 테니 땅고도 역사만큼이나 늙고 있는 것이라는 생각이 들었다. 할아버지, 할머니의 진지한 분위기가 매력적이었다.

위층에서 땅고 공연이 있다며 올라오라고 했다. 아랫층의 분위기와 달리 홀이 작고 아담했다. 동남아에서 흔히 볼 수 있는 큰 무대가 있는 대형 극장식 식당쯤을 상상했는데 작은 홀 가운데 공간을 비워 두고 그 옆으로 테이블을 비치했다. 단출한 분위기가 살짝 실망스러웠다. 이름을 대자 웨이터가 테이블로 안내를 해주었다. 식사할 수 있게 세팅을 해주는데 총 여섯 커플 정도 되는 것 같았다. 남미 게스트하우스에서 신경 써준 덕에 제일 좋은 앞자리로 안내를 받았는데 너무 중앙이라 오히려 부담스러웠다.

공연이 시작되자 땅게라(땅고 추는 여자) 단독공연, 땅게로(땅고 추는 남자) 단독공연, 혼성 공연 등 다양한 레파토리로 진행이 되었다. 무용수의 얼굴에서 흘러내리는 땀방울까지 생생해서 숨을 죽이며 공연을 감상했다. 클라이맥스는 땅고를 배우러 아르헨티나까지 온 한국인 부부였다. 서로의 얼굴을 그윽하게 응시하며 춤을 추는 모습이 너무 낭만적이었다. 춤을 추며 호흡을 맞추다 보면 싸우고 난 후라도 절로 화해가 될 것 같았다.

그런데 심각한 문제가 있었다. 열심히 춤추는 그들에게 미안해서 식사를 제대로 하기가 힘들다는 것이었다. 에피타이저는 적은 양이라 서둘러 먹었는데 메인 스테이크가 나오니 박수까지 쳐가며 나이프와 포크질을 하기가 쉽지 않았다. 한 공연이 끝나고 다른 멤버로 잠깐 교체되는 순간 잽싸게 썰어 입에 넣어야 했다. 이런 사정은 속도가 빠른 흑설탕도 마찬가지였다. 평소 같았으면 벌써 다 먹었을 텐데 느리게 식사를 하고 있었다. 적당히 잘 구워져 육즙이 폭발하는 스테이크에 와인까지 곁들여진 정찬이라 더 안타까웠다. 공연 순서가 막바지에 이를 때까지 다 먹지 못해 결국 메인 접시를 치워가는 웨이터의 안타까운 손길을 쳐다볼 수밖에 없었다. 지금까지 본 공연 중에 손에 꼽을 만큼 최고였지만 다음번에는 꼭 공연만 보리라 다짐했다.

설탕부부의 춤바람

"우리 땅고 배워볼까?" 하고 흑설탕에게 제안을 했다. 공연을 보고 온 후로 흑설탕이 어설프게 땅게로 흉내를 냈기 때문이었다. 몸치까지는 아니지만 별로 소질이 없어 몸부림에 가까웠다. 그러나 흥 넘치는 표정과 동작이 귀여운 구석은 있었다. 어쨌거나 그도 공연이 몹시 맘에 들었던 것 같았다.

신혼 초 둘이서 스윙을 배웠던 적이 있었다. 한참 재즈를 듣던 때라 신나는 스윙재즈에 맞춰 춤을 추면 재미있을 것 같았다. 춤을 배우자는 제안에 흑설탕의 반응이 시큰둥하더니 막상 강좌 첫날에는 흑설탕의 숨겨진 춤 본능에 당황스러웠다. 남녀의 합이 맞아야 하는 춤인데 둘 다 개성이 강해 각자의 생각대로 꿈틀거렸다. 본의 아니게 웃음이 자꾸 터져 진지한 다른 중년 부부의 스윙시간을 방해하곤 했었다. 어쨌든 주말에 무언가를 함께 하는 데다가 마치고 나올 때는 적당히 땀도 나고 내내 웃기까지 했기에 재미있는 추억으로 남아있기는 했다.

땅고를 배우려면 4명 이상의 인원은 되어야 한다고 해서 열심히 일행을 찾았다. 두 명의 여자 여행자와 남미사랑 마나님까지 다섯 명이 모여 배우러 갔다. 공연을 보러 갔었던 익숙한 넓은 댄스 홀에 들어서니 땅고를 추던 어르신들과 뜨거운 열기는 사라지고 의자들은 청소대열로 포개져 있었다. 춤을 가르쳐 주실 분은 정열적인 공연을 하셨던 한국인 강사님이라 기뻤다. 지난번 공연 이후 팬이 되었기 때문이었다. 그녀 옆에는 남자 강사가 있었는데 자연스러운 흑갈색 곱슬머리에 느끼한 눈웃음을 치는 남미 남자였다.

땅고의 기초인 걷는 동작부터 배웠다. 어깨와 허리를 펴고 동작을 따라 하는데 단순해 보이는 기본 동작인데도 생각보다 쉽지가 않았다. 혼자할 때는 강사님의 가르침에 따라 진지하게 임했지만, 흑설탕과 짝을 지어서 그다음 동작을 배울 때는 웃음을 참기 힘들었다. 땅고는 땅게로의 리드가 중요한 춤인데 리드하는 사람이 자꾸 몸 개그를 하니 자연스레 하나의 몸짓으로 웃기고 있었다. 연습 내내 몸 개그 반, 웃음 반이었다.

보다 못한 남자 강사가 파트너가 되어서 리드해 주었다. 아담 사이즈의 체구에 키가 비슷해서 얼굴이 정면으로 마주치는 게 어색했다. 게다가 허리를 어찌나 꽉 끌어 앉는지 불편함을 숨기고 진지 모드로 임하느라 힘들었다. 그런데 신기한 것은 강사의 리드에 따라 발이 자연스레 따라가더니 고난도의 턴까지 얼결에 하게 되는 것이었다. 여자 강사님과 호흡을 맞춘 흑설탕도 자기가 너무 잘하는 것 같다면서 흥분해 있었다.

하루 만에 많은 진도가 나가기는 힘들었지만, 열정적인 강사님의 설명에 어느덧 진지하게 춤을 배우고 있었다. 땅고를 체험해보았다는 것만으로도 의미 있는 시간이었다. 그 이후에 기본 멤버 수가 꾸려지지 않아 더 배울 수는 없었지만, 흑설탕은 그 후로도 춤바람이 나서 어설픈 땅고로 나를 즐겁게 해주었다. 부부가 함께 출 수 있는 춤이 있다는 것은 생각보다 낭만적인 일일 것 같다. 그러나 아쉽지만 땅고는 아닌 거로.

한국에서 온 멍청이들

우여곡절 소매치기

그날 우리는 나사가 하나씩 빠져 있었던 것 같다. 평소에는 하지 않던 행동들의 연속이었다. 여행의 막바지라 돈이 얼마 남지 않은 데다가 장시간의 이동 등으로 컨디션이 좋지 않았다. 일정보다 시간을 줄여서 필리핀 보라카이로 날아가 한 달간의 휴식시간을 가지기로 했다. 섬에서 보낼 휴양에 대한 기대감은 소매치기가 가득한 남미를 여행하고 있는 배낭 여행자가 아니라 동네를 어슬렁거리는 바보 멍청이들로 만들어 놓고야 말았다.

이른 아침 게스트하우스에 만난 사람들과 아쉬운 작별인사를 하고 고속버스 터미널에서 브라질 이구아수행 버스를 기다렸다. 마음이 가벼워서인지 짐이 단출해져서인지 배낭도, 끌낭도 하나도 무겁지 않았다. 평소처럼 노트북, 여권 등이 든 작은 배낭은 내가 지고, 흑설탕은 부피가 크고 무거운 짐들을 넣은 배낭을 메고 있었다. 그리고 나머지 물건이 끌낭에 넣어 짐칸에 실릴 거였다.

보통 짐들 모두 가지고 이동할 때는 함께 움직이는데 그날따라 흑설탕이 티켓을 끊어올 테니 기다리라고 했다. 잠깐 망설였으나 곧 알았다고 했다. 하필, 그날따라 왜 혼자 남았는지, 그날따라 왜 노트북 가방을 의자에 내려놓았는지. 그날따라 왜 전광판을 보려고 일어났는지!

모든 것은 순식간이었다. 배낭을 의자에 내리고 잠깐 일어났다가 다시 앉으려는 찰라. 등 뒤에서 '다다다다' 하면서 뛰는 소리가 들렸다. 깜짝 놀라 뒤를 둘러본 순간 내 눈을 의심했다. 방금 자리에 내려놓은 가방이 없어진 것이었다. 약 3초간 내려놓은 작은 가방. 작지만 가장 소중한 모든 것들이 들어 있는 가방! 그것이 없어진 것이었다. 나는 순간 아차 싶었다. 누군가가 따라붙었다가 잠시 가방을 내려놓은 그 기막힌 짧은 순간을 포착하여 낚아채서 달아난 것이었다. 순간 다리의 힘이 풀리고 목이 꽉 막혀서 소리도 나오지 않았다. 소매치기가 사라진 것으로 생각되는 곳은 이미 무심한 듯 지나가는 사람들뿐이었다. 마음 같아서는 뒤라도 쫓고 싶었지만, 흑설탕도 없고 나머지 짐이 모두 들어 있는 끌낭이 있었다. 그것마저 잃어버릴 수는 없었다. 도둑은 이미 달아났지만 다른 일행이 주변에 있을지도 모르는 일이었다. 그렇다고 가만히 있을 수도 없고 쫓아갈 수도 없고 도와달라고 할 수도 없고. 거의 울다시피 뱉은 "도둑이야!"라는 짧은 단어는 무심히 지나치는 사람들 사이에 묻혀 버렸다. 소리를 질렀지만 바쁜 사람들은 바쁜 대로 한가로운 사람들은 한가로운 대로 강 건너 불구경하듯이 바라보았다.

어설픈 외침을 듣고 달려온 것은 흑설탕이었다. 천천히 걸어오다가 망연자실한 나의 표정을 보고는 놀라서 달려왔다. 무슨 일이냐는 흑설탕에게 반 울음 섞인 소리로 노트북 가방을 누가 훔쳐 달아났다고 하자 그의 표정은 흙빛이 되었다. 그 안에는 여권, 노트북, 지금까지 찍었던 사진이 저장된 외장하드가 있었던 것이었다. 내 말이 끝나기가 무섭게 가리킨 방향 쪽으로 달려가는 그의 뒷모습에 나는 더 두려웠다. 무서운 일을 당할까 걱정이 되었다. 흑설탕이 돌아올 때까지 그 짧은 순간 별의별 상상에 더 미칠 것 같았다. 하지만, 그는 곧 돌아왔고 무엇을 하기에 상황은 이미 너무 늦어 버렸다.

그제야 우리는 정신이 번쩍 들었다. 일주일간 부에노스아이레스에 있는 동안 심하게 방심을 했다는 사실을 깨달았다. 버스터미널이 소매치기 많기로 가장 악명 높은 곳이라는 사실도 까맣게 잊고 있었다. 흑설탕은 평소에는 자면서도 내려놓지 않던 배낭을 갑자기 왜 내려놓았냐며 나를 책망하고 자긴 하필 왜 오늘따라 나에게 짐까지 맡기고 티켓을 끊으러 갔는지 모른다며 자신을 책망했다. 그렇게 자리에 앉아 한동안 각자를 스스로를 비난했다. 하지만 변하는 건 없었다.

정신을 차리고 터미널 내에 있는 경찰서를 가보기로 했다. 경찰서에는 이미 소매치기를 당한 현지인들이 종이에 무언가를 쓰고 있었다. 경찰은 일상이라는 듯 종이를 건네고 앉아서 작성하라고 했다. 경찰서에 앉아 가방 안에 무엇이 들었는지를 하나하나 되새기다 보니 더 가슴이 아프고 분통이 터졌다. 결국, 도움이 될 것 같지 않은 신고서만 작성하고 경찰서를 나섰고 다시 택시를 타고 남미사랑 게스트하우스로 돌아왔다. 부에노스아이레스도 남미사랑 게스트하우스도 달라진 건 하나도 없었다. 그저 우리의 소중하고 소중한 가방만 없어졌을 뿐.

마음을 비우고 다시 제자리로

여권 재발급 신청을 하니 다행히 일주일 안에 나온다고 하여 모든 계획을 다 일주일 뒤로 미뤘다. 급히 찍은 여권 사진이 무슨 현상범이나 난민처럼 나왔다는 것 따위 하나도 중요하지 않았다. 가방 안에 현금 백만 원이 들어 있었다는 것도 그리 중요한 것은 아니었다(우리가 현금으로 보유한 중 최고 액수였다). 그저 여권이 빨리 나와서 이 망할 놈의 소매치기 나라에서 벗어나고 싶었다. 가장 급한 비행기 표부터 추가로 돈을 더 물어가며 일정 변경을 하고 한 달간 머물 예정이었던 보라카이 호텔 일정도 조정했다. 도난당한 카드의 정지 및 기타 후속처리는 속전속결로 끝냈다. 일은 이미 벌어졌고 큰일이 생기면 해결방법에 무섭게 집중하는 성격이라 리스트를 만들어가며 모든 일을 서둘러 끝마쳤다. 이제 여권이 나오기를 기다리기만 하면 되는 거였다.

하지만 막상 모든 일을 처리하고 할 일이 없자 그 뒤부터 속상함이 하루에도 지속적으로 몰려와 짜증이 나면서 속상한 마음을 주체하기가 힘들었다. 다른 것들은 돈으로 해결되는 일이라고 하더라도 미처 백업하지 못한 남미 사진은 더 이상 우리에게 다시 돌아올 수 없는 것이었다. 흑설탕과 나는 서로를 힐난하던 시기를 벗어나 스스로 자책하는 시기를 보내고 있었다.

딱히 누구에게 이야기한 것 같지 않은데 게스트하우스의 모든 사람들이 이 일을 알게 되었다. 세계여행 중인 부부에서 세계여행 중에 소매치기를 당한 부부가 되어 있었다. 밤마다 식당에서 술 한잔하면서 자신이 당한 이야기나 남이 당했다던 소매치기 경험을 무용담처럼 나누는 것이 일상이 되었다. 한 여행자는 사진을 찍고 있는데 앞에서 어떤 남자가 당당히 걸어와 자기 손의 카메라를 낚아채 유유히 걸어갔단다. 어떤 여행자는 카페에서 누가 자꾸 자기 가방을 툭툭 치는 것 같아서 봤더니 뒤에 앉은 사람이 손을 뒤로 뻗어서 자기 가방 안에 손을 넣고 뒤적거리고 있었다고 했다. 이야기를 듣다 보면 여기 남미, 특히 아르헨티나는 소매치기 천국이요, 나쁜 놈 천지에, 여행하면 안 되는 몹쓸 나라 중 하나

가 되어 있었다. 하지만 슬프게도 그들의 무용담과 이야기들은 다 공허하게 느껴지고 하나도 위로가 되지 않았다. 오히려 놀리는 것처럼 들렸다. 게스트하우스의 심심한 밤에 안주처럼 누가 당한 소매치기 경험담에 우리 이야기가 보태진 것 같아서 더욱 짜증이 났다.

그러나 아이러니하게도 시간이 약이었다. 많은 사람들이 짧은 일정으로 오는 사람들은 다니기 쉽지 않은 장소들을 추천해주었다. 공원과 강가, 젊은이들이 즐겨 가는 공연 등 여유롭고 아름다운 곳들이 많았다. 아침에는 버스를 타고 강가로 나가 강변을 걷고 예쁜 집들이 모여 있는 동네를 걸었다. 저렴한 로컬 식당에서 밥을 먹고 맥주를 마셨다. 아르헨티나의 여러 도시에 머물면서 이 나라를 많이 안다고 생각했는데 현지인들 속에 섞이니 또 다른 느낌이었다. 여유롭게 도시를 거닐다 보니 마음의 여유가 생기고 보이지 않던 소소한 것들이 눈에 들어왔다. 처음 여행을 시작할 때의 두렵고 설레는 마음이 다시 떠올랐다.

막상 떠날 날이 다가오자 기분이 이상했다. 화가 나서 서둘러 떠나고만 싶던 부에노스아이레스였는데 아직 못 본 것이 많은 것 같아 아쉬웠다. 떠나는 날 아침 남은 여행자들과 남미사랑 주인 내외와도 인사를 하고 숙소를 빠져나오는데 서운한 마음에 발걸음이 떨어지지 않았다.

소매치기를 당한 덕분에 강제로 머물게 된 부에노스아이레스지만 역설적이게 더 진정한 모습을 본 것 같다. 원래 좋은 곳이었는데 늦게 알게 된 것인지, 오래 있느라 좋아진 것인지 아직도 헷갈리지만 그만큼 많은 추억이 남았다. 많은 도시를 돌면서 여행에 대한 감흥이 덜해진 것도 사실이고 초기처럼 작은 일에도 가슴이 뛰고 설레지 않았던 것 같기도 하다. 사실 생각해보면 그까짓 돈, 사진 따위는 하나도 중요한 것이 아닌데 말이다. 여행의 끝에서 시작했을 때의 마음으로 되돌아가라고, 그렇게 비우고 다시 시작하라는 하늘의 가르침일지도 모른다. 그렇게 비우는 마음으로 세계를 한 바퀴 돌아 제자리로 돌아왔다.

에필로그

희한했다. 여행 전에는 그렇게 뻔질나게 드나들던 세계 일주 인터넷 카페를 거의 들어가 보지 않았다. 한두 번인가 안부를 전하러 들어간 게 전부였다. 카페에서 여행 중인 사람들의 글을 읽으며 한없이 부러워도 했고, 이곳은 꼭 들러보리라 다짐도 하곤 했었는데 말이다. 그런데 생각해보니 여행을 다녀온 사람들의 이야기는 별로 없었던 것 같다. 세계 일주를 하고 난 이후 사람들이 어떻게 살고 있고, 어떤 생각을 하고 있는지 너무 궁금했는데 그런 이야기는 거의 없었다.

그런데 그 이유를 이제 알 것 같다. 현실에 잘 적응한 사람이든 그렇지 않은 사람이든 떠나고자 하는 욕망이 되살아나서였을 것이다. 나도 계속 외국 어딘가를 떠도는 느낌에 적응이 쉽지 않았다. 한동안은 상실감에 우울증이 오기도 했다. 다시 떠나고 싶다는 생각과 떠나지 말걸 그랬다는 후회가 교차하곤 했다.

그렇게 적응하기 위해 치열한 시간을 보냈다. 일 년간 노는 것을 택한 결정이 틀리지 않았다는 것을 보여주기 위해서라도 더 열심히 현실에 적응해야 했다. 물론 오래 놀았던 여파로 가난해졌다. 집을 전세로 주고 그 돈으로 떠난 여행이었기에 돌아온 뒤 한동안 시댁에서 얹혀살았다. 하지만 일상으로 복귀하는 데는 그리 오래 걸리지 않았다. 나는 한 달만에 다시 출근했고, 여행 말미 이력서를 넣고 한국에 들어오자마자 면접을 본 흑설탕도 운 좋게 재취업에 성공해서 곧 새로운 회사로 출근했다. 혹자는 이런 우리를 능력자라며 부러워하기도 했고, 혹자는 여행은 그럼 왜 갔냐며 여행을 통해서 지금과는 다른 반전이 생기길 기대한 듯 말하기도 했다.

하지만 변화가 없지는 않았다. 그것은 서서히 진행되고 소소해서 변화하고 있다는 것을 잘 몰랐을 뿐. 여행 이후 버스나 지하철보다는 걷는 것을 즐기게 되었다. 시간이 날 때마다 새로운 코스를 잡아 동네를 걷고, 대형마트보다는 재래시장을 즐겨 다니게 되었다. 공원에서 운동도 하고 한강에서 피크닉도 하면서 사계절의 변화를 누구보다 즐기게 되었다. 그러는 사이 뉴스나 글에서 잠시라도 머물렀던 도시 이야기가 나올 때면 다시 눈이 반짝거리면서 설레는 마음이 생겼다. 캠핑장의 밤하늘을 올려다보며 어디서든 여행자의 마음으로 살자던 다짐이 생각났다. 가진 것은 별로 없지만, 열정으로 충만해진 느낌이었고, 둘만이 공유할 수 있는 소중한 추억이 많아졌다. 차츰 작은 일에도 감사한 마음으로 우리만의 행복을 찾아가려고 노력하게 되었다. 정말 소소한 것들이지만 이것들이 모여 인생이 변하는 것이라고 믿는다.

여행 사진첩을 볼 때마다 우리 아들 테오가 입을 삐죽거리며 이야기하곤 한다. "칫, 나는 안 데리고 가고!" 사자도 나오고, 얼룩말도 나오는 그런 멋진 곳을 안 데리고 갔다는 것은 6살짜리 아이에게는 엄청난 서운함일 테다. 그럴 때마다 "다음에는 테오도 꼭 같이 가자~" 하고 당장의 서운함을 달래곤 하는데 그 달램은 어느새 꼭 해야 하는 약속이 되었다. 그래서 지금 우리는 아들 테오와 세 가족이 함께하는 세계여행을 꿈꾼다. 그 여행은 10년 후가 될 수도 있고, 20년 후가 될 수도 있지만,

꼭 배낭을 메고 길 위에 설 것이다. 언젠가 여행을 떠날 때가 된다면 지금의 이 여행기가 우리의 프롤로그가 되리라. 마무리가 아니라 다시 시작하는 마음으로 이 이야기를 끝맺으려 한다. 다음 여행을 기약하며.

글/사진 흑설탕·백설탕